非高斯工业过程
随机分布控制与优化

李明杰 周 平 著

电子工业出版社·
Publishing House of Electronics Industry
北京·BEIJING

内 容 简 介

许多实际工业过程具有明显的非高斯随机动态特性，使衡量产品质量、生产效率和能耗等的运行指标并不满足高斯假设，传统基于运行指标均值和方差的控制与优化方法难以获得满意的控制和优化效果。本书总结了笔者研究团队近年来在非高斯工业过程控制与优化方面的研究成果，主要包括基于几何分析双闭环迭代学习控制的非高斯工业过程随机分布控制、基于数据驱动预测 PDF 控制的非高斯工业过程随机分布控制、基于多目标非线性预测控制的非高斯工业过程随机分布控制和基于目标函数分布形状的非高斯工业过程概率约束随机优化等方面的内容。

本书可作为高等学校控制科学与工程、计算机科学和信号处理等专业的教学参考书，也可供从事相关专业教学和科研工作的高校老师和工程技术人员学习参考。

图书在版编目（CIP）数据

非高斯工业过程随机分布控制与优化 / 李明杰，周平著. —北京：电子工业出版社，2024.4
ISBN 978-7-121-47600-6

Ⅰ. ①非… Ⅱ. ①李… ②周… Ⅲ. ①工业－生产过程－随机分布－过程控制
Ⅳ. ①TB114.2

中国国家版本馆 CIP 数据核字（2024）第 064845 号

责任编辑：徐蔷薇
印　　刷：北京天宇星印刷厂
装　　订：北京天宇星印刷厂
出版发行：电子工业出版社
　　　　　北京市海淀区万寿路 173 信箱　邮编：100036
开　　本：720×1000　1/16　印张：7.75　字数：162 千字
版　　次：2024 年 4 月第 1 版
印　　次：2024 年 4 月第 1 次印刷
定　　价：78.00 元

凡所购买电子工业出版社图书有缺损问题，请向购买书店调换。若书店售缺，请与本社发行部联系，联系及邮购电话：（010）88254888，88258888。

质量投诉请发邮件至 zlts@phei.com.cn，盗版侵权举报请发邮件至 dbqq@phei.com.cn。

本书咨询联系方式：xuqw@phei.com.cn。

前　言

　　近年来，国内外市场竞争的日趋激烈，使企业对其产品质量、生产效率和能耗等运行指标优化提出了更高的要求。然而，诸如造纸制浆过程、磨矿过程和高炉炼铁过程等复杂工业过程往往涉及复杂的物理、化学和生化等反应过程，这使工业过程运行存在大量的随机不确定性。而传统的采用工业过程产品质量、生产效率和能耗等运行指标的均值和方差等低阶次统计的控制方法，已难以实现工业过程优化控制。这主要是由于实际工业过程受原料成分波动、工况变化、测量噪声和外部环境变化等随机不确定性影响，工业过程运行指标难以采用均值或者方差进行统计，即运行指标的概率密度函数（Probability Density Function，PDF）形状不符合高斯分布假设，表现出具有非对称、不规则且可能是多波峰等特征的非高斯分布特征。事实上，诸如衡量产品质量、生产效率和能耗等工业过程的运行指标在统计意义上满足高斯分布假设的情况几乎是不存在的，这主要是由于实际工业运行过程受到非高斯噪声干扰的随机不确定性的影响，致使工业过程运行指标的 PDF 形状不能满足高斯分布特征，而运行指标的 PDF 形状包含了过程动态特性和随机性的全部信息，尤其反映了工业过程运行的约束边界及其重要运行特征，同时，运行指标 PDF 形状包含了随机变量的均值和方差。因此，非高斯工业过程控制与优化问题可以看作随机系统输出变量的 PDF 控制与优化问题，其包含了传统运行指标的均值和方差控制与优化。

　　随机系统分布形状控制问题一直以来都是一个具有挑战性的问题，这是因为随机系统输出 PDF 既是空间变量的函数，也是时间变量的函数，并且具有积分约束和强非线性等特征。从理论上讲，随机系统的动态特性常用偏微分方程来描述，需要建立偏微分方程模型，然后基于随机分布动态模型设计相应的控制器，使输出随机变量PDF分布形状跟踪一个给定分布形状。然而，具有非高斯动态的工业过程往往难以进行机理建模甚至缺乏机理模型。此外，考虑到输出 PDF 非线性和积分约束等条件存在，目前仍缺乏有效的非高斯动态工业过程控制与优化方法研究。而针对输出变量不满足高斯分布假设的随机系统，王宏教授提出一种非高斯随机系统的控制方法——随机分布控制（Stochastic Distribution Control，SDC），这类新颖的控制方法的主要目的是选择合适的控制量使系统输出随机变量的 PDF 形状跟踪一个给定的 PDF 形状，SDC 不再仅对随机系统输出的均值和方差进行控制，而是对系统输出变量的 PDF 形状进行控制，因此，SDC 在某种意义上包含了传统随机系统关于均值和方差的控制，具有更为广泛的应用范围。

同时，将 SDC 理论进一步进行推广和延伸，通过引入优化目标函数的 PDF 形状，实现对过程运行随机性的定量分析，将工业过程的不确定性优化问题转化为确定性优化问题，有效克服了基于传统运行指标均值和方差优化方法的不足，通过优化目标函数 PDF 形状将过程随机性的影响降至最低，进而实现工业过程优化决策。

针对当前非高斯工业过程控制与优化等方面存在的难题，本书总结了近些年笔者研究团队在非高斯工业过程控制与优化等方面的研究成果，以典型的复杂工业过程为研究对象，开展非高斯工业过程随机分布控制与优化方法研究，主要包括基于几何分析双闭环迭代学习控制的非高斯工业过程随机分布控制、基于数据驱动预测 PDF 控制的非高斯工业过程随机分布控制、基于多目标非线性预测控制的非高斯工业过程随机分布控制和基于目标函数分布形状的非高斯工业过程概率约束随机优化等方面的内容。

本书由李明杰撰写，由周平教授统稿。本书的研究内容得到了国家自然科学基金（62003077、61890934、U22A2049、61333007、61290323）、国家重点研发计划基金（2022YFB3304903）和中央引导地方科技发展资金（YDZJSX20231A047）等项目的资助，在此表示深深的谢意。

本书的研究工作是在英国曼彻斯特大学王宏教授的精心指导下完成

的，在此向他表示衷心的感谢。同时，还要感谢北京化工大学周靖林教授、郑州大学姚利娜教授在本书部分章节内容研究过程中给予的指导和帮助。特别感谢太原科技大学赵志诚教授在本书撰写过程中给予的鼓励和大力支持。

　　由于笔者水平有限，书中难免存在缺点和不足之处，欢迎读者批评和指正。

目 录

第 1 章

绪论

1.1 引言

　　近年来，我国工业发展取得了举世瞩目的成就，工业生产综合能力显著提升，主要工业品实现了由短缺到丰富、充裕的巨大转变。然而，伴随国内外日趋激烈的市场竞争和现代工业的快速发展，企业对其产品质量、生产效率和能耗等运行指标优化提出了更高的要求。长期以来，我国工业生产发展仍旧关注生产规模总量，能耗高、产品质量差、生产效率低和资源消耗大等问题依然突出。生产过程控制及运行优化水平与国外先进水平相比还存在较大的差距。以工业运行能耗指标为例，工业运行能耗在国民经济体系中占我国总能耗的 70%左右，我国工业单位能耗比发达国家高 30%以上[1,2]。为了适应变化的经济环境，提高产品质量和生产效率、节能降耗、减少环境污染和资源消耗，必须实现工业过程的优化控制。因此，研究以提高产品质量和生产效率、节能降耗为目标的工业过程优化控制方法，是推动我国工业过程运行向高效化和绿色化转变的关键途径。

　　工业过程优化控制作为实现过程运行优化的核心，其主要目标是在满足节能降耗、环保和减少运行成本等约束条件下，使衡量产品质量、生产效率和能耗等的运行指标能够控制在期望范围内。因此，工业过程控制和运行优化常被看作实现生产安全、平稳、优质和高效运行的重要保证。目前，工业过程优化控制的研究主要集中在优化如图 1.1（a）所示的产品质量、生产效率和能耗等运行指标的均值和方差等方面。然而，实际工业过程运行受原材料成分波动、工况变化和测量噪声等随机不确定性的影响，传统的工业过程运行指标均值和方差控制方法难以获得满意的控制效果，这主要是由于运行指标的分布形状在统计意义上不能满足高斯分布假设，即运行指标的概率密度函数（PDF）在统计意义上服从如图 1.1（b）所示的具有非对称、不规则且可能是多波峰等非高斯分布特征。例如，磨矿过程粒度分布[3]、高炉炼铁过程料面形状分布[4]、造纸制浆过程纤维长度分布[5]、聚合过程分子量分布[6]和浮选过程泡沫尺寸分布[7]等都具有典型的非高斯随机分布动态特征。可以看出，研究非高斯工业过程优化控制不仅可以丰富随机控制理论的内涵，而且具有广泛的应用前景。

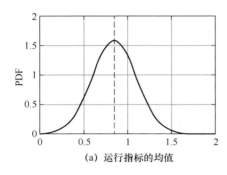
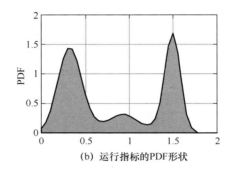

（a）运行指标的均值 （b）运行指标的 PDF 形状

图 1.1 运行指标的均值和 PDF 形状

为了解决具有非高斯动态工业过程的控制问题，英国曼彻斯特大学王宏教授于 1996 年提出了一类新颖的随机控制方法，称为随机分布控制（Stochastic Distribution Control，SDC）[8]，随机分布控制系统结构如图 1.2 所示。采用这类新颖控制方法的主要目的是选择合适的控制量，使系统输出随机变量的 PDF 形状跟踪一个给定的 PDF 形状。与传统的随机系统最小方差控制、自校正控制、线性高斯二次型控制和马尔可夫参数过程控制等随机控制方法相比，SDC 不再是仅针对随机系统输出的均值和方差进行控制，而是对系统整个输出变量的 PDF 形状进行控制，因此，SDC 在某种意义上包含了传统随机系统关于均值和方差的控制，具有更为广泛的应用范围。近年来，随着 SDC 理论研究的不断深化和完善，其已被广泛应用于建模、滤波和故障诊断等各个领域，相关研究为具有非高斯工业过程的建模、控制和优化问题的研究提供了一种有效的指导方法。

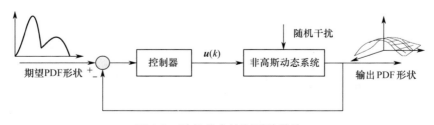

图 1.2 随机分布控制系统结构

1.2　非高斯随机分布系统及研究现状

随机系统的分布形状控制是一个极具挑战性的问题，国际上一些学者针对随机系统的输出 PDF 形状控制问题也展开了一系列的研究。文献[9]～文献[13]采用静态优化和近似等方法实现随机系统输出 PDF 的闭环控制问题。然而，上述所提方法控制器输出为一个具有空间特征的 PDF，众所周知，在每个采样时刻，控制器输出的是一个时域特征的数字值，而不是一个空间特性的分布函数，因此难以在实际工程中应用；同时，PDF 具有正约束和积分约束等特点，上述方法往往忽略这些约束条件，难以获得合理的控制效果。与上述研究随机系统的输出 PDF 控制问题不同的是，如图 1.2 所示，本书所述的 SDC 方法主要研究如何采用单纯时间函数的 PDF 控制器 $\boldsymbol{u}(k)$ 实现动态随机分布系统的输出 PDF 形状控制。从理论上讲，设计一种特殊的控制器，不但能使系统输出 PDF 满足随机系统的控制性能，而且能降低外部随机干扰对控制系统的影响。因此，首先需要建立描述系统动态特性且便于分析的随机分布控制模型，利用建立的动态随机系统的模型，研究随机分布系统在不同性能指标下易于工程实现的控制策略。

在实际工业过程中，关于一些变量的分布形状控制问题一直是一个极具挑战性的难题，如在造纸过程中，决定纸张质量的关键是絮凝粒径分布形状[14-17]；在聚合反应中，分子链长度分布形状是衡量化工生产过程产品质量的重要标志[18-20]。这些变量最终可以看作关于输出随机变量的 PDF 形状控制问题，然而，这些输出变量的 PDF，既是空间变量的函数，也是时间变量的函数，且具有积分约束及较强的随机性和非线性，因此，非高斯工业过程输出 PDF 建模与控制问题一直是控制理论与应用研究的难点。

1.2.1　非高斯随机分布系统描述

为了进一步描述动态非高斯随机分布系统的模型，本节简要描述随机变量的定义和随机分布系统模型表示方法。假设 $y \in [a, \xi]$，$a, \xi \in \mathbf{R}$ 为描述动态随机系统输出的一致有界随机变量，$\boldsymbol{u}(k) \in \mathbf{R}^m$ 为 k 时刻控制随机系统输出分布形状的 m 维控制输入，在任意采样时刻 k，随机变量 y 就可以通过其概率密度函数（Probability Density Function，PDF）来描述，其定义式如下：

$$P(a \leqslant y < \xi, \boldsymbol{u}(k)) = \int_a^\xi \gamma(y, \boldsymbol{u}(k)) \mathrm{d}y \qquad (1.1)$$

式中，$P(a \leqslant y < \xi, \boldsymbol{u}(k))$ 为随机系统在 k 时刻控制输入 $\boldsymbol{u}(k)$ 作用下输出随机变量 y 落在区间 $[a, \xi]$ 内的概率；$\gamma(y, \boldsymbol{u}(k))$ 为输出随机变量 y 的 PDF，即 $\gamma(y, \boldsymbol{u}(k))$ 形状由控制输入 $\boldsymbol{u}(k)$ 控制。

事实上，随机系统输出 PDF 形状可以通过固定结构的神经网络［如 B 样条神经网络[21-25]、径向基函数（Radial Basis Function，RBF）神经网络[26-29] 等］来逼近，这类神经网络由基函数及其相对应的权值组成，这样就可以将神经网络的权值与随机分布系统的控制输入 $\boldsymbol{u}(k)$ 联系起来。下面以 B 样条神经网络模型为例，说明动态随机分布系统模型的表示方法。首先，对于任何一个确定的控制输入 $\boldsymbol{u}(k)$，$\gamma(y, \boldsymbol{u}(k))$ 对所有 $y \in [a, \xi]$ 连续。存在一个 B 样条神经网络需满足如下不等式：

$$\left\| \gamma(y, \boldsymbol{u}(k)) - \sum_{l=1}^{n} \omega_l(\boldsymbol{u}(k)) B_l(y) \right\| \leqslant \varepsilon \tag{1.2}$$

式中，ε 为一个预先指定的任意小的正数；$B_l(y)(l = 1, 2, \cdots, n)$ 为预先定义在区间 $[a, \xi]$ 的确定的 B 样条基函数；$\omega_l(\boldsymbol{u}(k))$ 为 B 样条基函数相对应的权值。从式（1.2）可以看出，所有基函数一旦确定，则权值 $\omega_l(\boldsymbol{u}(k))$ 可以看作控制输入 $\boldsymbol{u}(k)$ 的函数，即不同时刻的控制输入 $\boldsymbol{u}(k)$ 产生不同的权值 $\omega_l(\boldsymbol{u}(k))$，故式（1.2）可以进一步表示为

$$\gamma(y, \boldsymbol{u}(k)) = \sum_{l=1}^{n} \omega_l(\boldsymbol{u}(k)) B_l(y) + e_0(y) \tag{1.3}$$

式中，$e_0(y)$ 为近似误差。B 样条神经网络逼近原理如图 1.3 所示，可以看出，通过 B 样条基函数建立了控制输入 $\boldsymbol{u}(k)$ 与输出 $\gamma(y, \boldsymbol{u}(k))$ 之间的关系。当所有基函数 $B_l(y)$ 确定后，输出 PDF 形状的控制可以通过控制神经网络的权值 $\omega_l(\boldsymbol{u}(k))$ 来实现。

同时，考虑到 PDF 满足在其定义的区间积分为 1 的自然约束，即

$$\int_a^{\xi} \gamma(y, \boldsymbol{u}(k)) \mathrm{d}y = 1 \tag{1.4}$$

从式（1.4）所示的约束条件可以看出，在 n 个权值中只有 $n-1$ 个权值是相互独立的，且权向量为约束变量。此时，式（1.3）可以表示如下：

$$\gamma(y, \boldsymbol{u}(k)) = \boldsymbol{C}(y) \boldsymbol{V}(k) + h(\boldsymbol{V}(k)) B_n(y) + e_0(y) \tag{1.5}$$

式中，$\boldsymbol{C}(y) = [B_1(y), B_2(y), \cdots, B_{n-1}(y)]$；$\boldsymbol{V}(k) = [\omega_1(\boldsymbol{u}(k)), \omega_2(\boldsymbol{u}(k)), \cdots, \omega_{n-1}(\boldsymbol{u}(k))]^{\mathrm{T}}$ 为由前 $n-1$ 个权值组成的向量形式；$h(\boldsymbol{V}(k))$ 为前 $n-1$ 个权值的函数表达式。可以看出，权值向量的动态主要取决于控制输入 $\boldsymbol{u}(k)$，因此，

前 $n-1$ 个权值组成的向量 $\boldsymbol{V}(k)$ 和控制输入 $\boldsymbol{u}(k)$ 之间的动态关系可以表示为

$$V(k+1) = f(\boldsymbol{V}(k), \cdots, \boldsymbol{V}(k-n_v), \boldsymbol{u}(k), \cdots, \boldsymbol{u}(k-n_u)) \qquad （1.6）$$

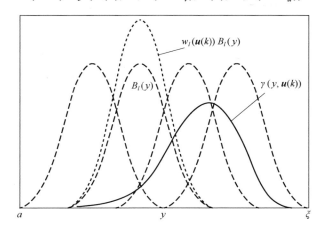

图 1.3　B 样条神经网络逼近原理

式中，$f(\cdot)$ 为表征控制输入 $\boldsymbol{u}(k)$ 和权值向量 $\boldsymbol{V}(k)$ 之间关系的函数，其可以采用常规的线性函数表示，如状态空间方程、差分方程、微分方程等，也可以采用任意非线性函数表示，如神经网络模型、最小二乘支持向量机模型等；n_v 和 n_u 分别为权值输出和控制输入的最大时滞常数。因此，动态随机分布系统的控制输入 $\boldsymbol{u}(k)$ 和输出 PDF 之间的动态关系可以通过如式（1.3）和式（1.5）所示的系统来描述。

　　根据 B 样条神经网络对输出 PDF 逼近方法的不同，将动态随机分布系统分为线性 B 样条模型[21-23,30]、均方根 B 样条模型[24,30-35]、有理 B 样条模型[36,37]、有理平方根 B 样条模型[6,38]四种，它们之间相互联系，均能描述随机分布系统的动态特性，相互转化形成一个相互统一的整体。但是，这些模型具有不同的性质，主要表现在不同模型的 B 样条基函数相对应的权值向量的约束不同，四种 B 样条模型性质详细分析见文献[36]。此外，RBF 神经网络和 B 样条神经网络同样对任意的非线性函数具有较高的逼近精度，不同的是，RBF 神经网络的激活函数采用高斯基函数，相对于 B 样条基函数，高斯基函数具有参数（中心值和宽度）少、形状易于调节、实现简单等优点。因此，与 B 样条神经网络对输出 PDF 逼近方法类似，采用 RBF 神经网络同样可以得到类似的动态随机分布模型[26-29]。

　　可以看出，式（1.3）和式（1.6）所示的随机系统模型与传统的随机微分方程有明显的不同，采用随机微分方程描述的系统均假设其输出符合高斯分布，而式（1.3）和式（1.6）所示的随机分布系统的输出可以为非高斯分布类型，利用实际测量的输出 PDF 作为反馈信息，所设计的控制器是一个典型的反馈控制器，其主要目的是使系统的输出 PDF 形状跟踪一个期望的 PDF 形状。因此，SDC 问题可以看作如何将一个无限维随机控制问题转化为一个有限维的控制问题，这种处理方法将会大大降低控制器设计难度。另外，随机分布系统动态主要取决于式（1.6）所示的时域内权值向量的动态，而式（1.6）所示权值向量的动态可以采用常规的线性状态空间方程和微分方程等表示，也可以采用非线性回归模型。因此，当输出变量和权值向量数据可知时，通常采用子空间辨识或者最小二乘估计方法建立权值向量的线性动态模型[26-29]，也可以利用如神经网络、最小二乘支持向量机等智能建模方法建立权值向量的非线性动态关系[39,40]。

1.2.2　随机分布控制理论研究现状

通常情况下，随机分布控制系统输出 PDF 通常采用神经网络等（如 B 样条神经网络、RBF 神经网络）逼近，并利用式（1.3）所示输出 PDF 的基函数近似部分和式（1.6）所示神经网络权值向量的动态部分组成的随机分布系统模型，提出一系列随机分布系统输出 PDF 控制方法。例如，基于梯度优化输出 PDF 控制[23-25]、固定控制结构 PDF 控制[41-43]、迭代学习输出 PDF 控制[26-28]、预测 PDF 控制[6,7,18,20,44]、自适应 PDF 控制[45-47]和滑模 PDF 控制[48]等。

（1）基于梯度优化输出 PDF 控制：针对具有式（1.6）所示的随机分布系统动态，通过极小化控制系统的性能指标，采用梯度优化方法设计 PDF 控制器。例如，文献[23]针对多输入多输出随机系统，当系统收到有界未知输入时，通过极小化二次型性能指标获得 PDF 控制器的鲁棒解析解，保证闭环系统的稳定性。文献[24]考虑到系统由于收到有界随机输入导致模型误差或者不确定性，通过建立广义非线性随机系统的输入噪声分布与输出分布之间的关系设计控制器，使系统输出 PDF 形状尽可能接近给定形状，并给出一种闭环系统鲁棒性分析方法。另外，文献[23]和文献[24]均假设给定一个期望PDF，然而，当期望的 PDF 无法获得时，通过优化系统输出变量的香农熵来完成 PDF 控制器的设计，降低了随机系统的随机性和不确定度[25]。事实上，最小熵控制可以看作传统最小方差控制的推广。然而，随机系统的最小熵控制只能反映系统输出变量的不确定度，当考虑对期望 PDF 的跟踪控制时，常通过优化引入输出变量均值项的性能指标，实现控制器的设计[30,31]。

（2）固定控制结构输出 PDF 控制：采用优化性能指标方法设计的 PDF 控制器虽然能够保证闭环系统的稳定性，但是闭环系统没有明显的反馈结构，给控制器的工程实现和闭环系统的收敛性、稳定性和鲁棒性分析带来了困难。为了便于 PDF 控制器工程实现及闭环系统的控制性能分析，通常将 PDF 控制器设计为工业中广泛应用的 PID 控制器结构，这里所述的 PID 控制器并非传统的 PID 控制器，而是以实现闭环输出 PDF 跟踪为目的的积分型广义 PID 控制器[41-43]。例如，文献[41]利用线性 B 样条 PDF 模型和广义 PID 控制器构造权值向量的闭环系统，并且考虑到当模型存在有界不确定性和外部干扰时，利用求解线性矩阵不等式（Linear Matrix Inequality，LMI）实现 PID 参数的鲁棒性设计，使输出 PDF 在一定误差范围内跟踪期望的输出 PDF，保证了闭环系统的稳定性。文献[42]提出了基于两步神经网络输出 PDF 的广义 PI 控制方法。文献[43]利用均方根 B 样条 PDF 模型和广义 PI 控制器构造的权值闭环系统，将输出 PDF 跟踪控制转化为具有约束的权值控制，采用线性矩阵不等式技术设计，实现输出 PDF 跟踪的广义 PI 控制器，保证闭环系统的稳定性、状态约束和跟踪性能。

（3）迭代学习输出 PDF 控制：对式（1.3）和式（1.6）所示的动态随机分布系统输出 PDF 建模时，通常情况下，B 样条基函数参数是固定的，这就意味着该参数只考虑随机分布系统的时域动态特性，而忽略了其空间变化的动态特性。然而，对于具有复杂动态特征的随机分布系统，需要较多数量的 B 样条基函数才能逼近输出 PDF，这使动态模型的维数过高，同时需要选择合适的阶次和节点，导致建模时间过长、模型精度不高。另外，高维模型也增加了 PDF 控制器的设计难度，因此，当采用固定基函数建模时，通常很难获得描述复杂的随机分布系统动态。为了提高动态随机分布系统模型的精度，同时降低 PDF 控制器的设计难度，文献[26]～文献[29]采用 RBF 神经网络逼近的 PDF 模型，通过引入迭代学习控制（Iterative Learning Control，ILC）[49-53]思想，将输出 PDF 控制时间区间分为若干个固定长度的周期，每个周期内的 RBF 基函数均是固定的，并且在每个周期内基于重新构建的 PDF 模型完成闭环控制。根据 ILC 可以利用当前闭环周期运行效果来校正下一个闭环周期运行效果的特点，在周期与周期之间对 RBF 基函数和权值不断迭代更新，将更新的 RBF 基函数和动态 PDF 模型产生新的控制作用于下一个周期的操作。因此，将迭代学习控制原理引入 SDC 中，不仅可以改善时域变量的控制效果，而且能保证输出 PDF 空间变量的动态调节。

此外，在随机分布系统输出 PDF 建模和控制研究的基础上，进一步提出了随机分布系统的滤波和估计[54,55]，以及随机分布系统的故障诊断与容错控制[56-59]、鲁棒 PDF 控制[23,33,60]、预测 PDF 控制[5-7,18,20,44]、智能 PDF 控制[29]、自适应 PDF 控制[45,46]、变结构 PDF 控制[49]等，以上研究成果进一步完善和深化了 SDC 理论体系，也为一些实际工业过程中的分布控制问题的应用研究提供了较丰富的理论指导。

1.3　随机分布控制在复杂工业过程中的应用研究进展

关于 SDC 理论的研究源于一些复杂工业过程控制需求，然而，随机分布控制之所以能够在实际工业过程中得到广泛应用，一方面是由于随着精密仪器、通信网络、图像处理和数据处理技术的快速发展，在许多实际工业过程中，可以量测并且用于反馈监控的数据和信息不是经典反馈控制理论研究中的输出信号的量测值，而是这些输出变量的统计特性，为输出随机变量分布信息的在线检测和控制提供了可能；另一方面是由于输入变量和输出随机变量分布之间动态模型的建立。这里简单介绍随机分布控制在一些实际工业过程中的应用前景，以及输出随机变量分布控制对工业过程控制的重要性。

（1）造纸过程纸张二维质量分布控制[8,14-17,26,41]：造纸过程中纸张的二维质量分布是衡量纸品质量的关键工艺指标，然而，受植物纤维、品类和填料等原材料因素的影响，造纸过程表现出较强的随机性。目前，利用高倍 CCD 相机和图像处理技术，可以获得纸张二维质量灰度分布 PDF 形状，因此，造纸过程可以看作一个典型的动态随机分布系统，而控制的关键要求是使纸张二维质量分布尽可能均匀。

（2）化工聚合过程分子量分布控制[6,18,20]：聚合物分子量分布作为一个从分子微观层面上对聚合过程产品的性能品质进行精细、准确描述的质量指标，对提升石油化工企业的生产效率和经济效益均具有重要影响，所以，分子量分布常被看作聚合过程产品质量控制和工艺优化中的关键质量指标。目前，主要利用聚合过程的机理模型描述产品分子量分布信息，而分子量分布信息可用其相对应的 PDF 表示。然而，影响聚合过程分子量分布形状的因素众多，不同聚合物的分子量分布形状差别很大，其相对应的 PDF 形状往往呈现出多波峰、非对称及不规则等非高斯分布特征，这给聚合物生产过程分子量分布控制提出了更高的要求，因此，控制系统的主要目的是使分子量分布的输出 PDF 形状能够跟踪一个给定的 PDF 形状。

（3）燃烧过程火焰温度场分布控制[28,33,61,62]：燃烧过程是一个典型的非线性、强耦合的随机过程，也是材料加工过程和能量转换的重要组成部分，在工业锅炉、燃煤电站及钢铁生产中都是一个对控制性能要求较高的环节。火焰温度场分布常作为燃烧过程效益的重要指标，这主要是因为理想的火焰温度场分布对提高燃烧效率、减少污染及提升经济运行能力都至关重要。通常情况下，火焰温度场分布可以利用物理原理建立一组偏微分方程，进而对温度场分布进行分析。此外，火焰温度场分布形状可以直接采用高倍工业相机进行采集，并根据火焰温度场分布形状对燃烧过程进行适当的调节，很显然燃烧过程也是一个典型的随机分布系统。因此，燃烧过程控制的目的是通过选择合适的燃料输入量和过程参数，使火焰温度场分布的 PDF 形状满足给定要求。

（4）磨矿过程粒度分布控制[3]：磨矿过程的主要任务是将较大颗粒矿石磨碎到一定范围的粒度，便于后续选别作业的提取。磨矿粒度是衡量磨矿过程运行品质最重要的工艺指标之一，直接制约选矿产品质量和金属回收率，影响整个选矿厂的经济效益。然而，矿石性质、给矿粒度的差异性和介质对矿石磨碎作用的随机性，使矿粉粒度分布形状具有较强的非高斯分布特征。因此，磨矿过程控制的目标是使最终的矿石粒度分布形状满足一定的要求，这实际上是一个随机分布控制问题。目前，大多数研究将磨矿过程粒度百分比含量控制在工艺要求范围内，而没有考虑矿粉粒度分布形状。文献[3]提出了一种基于磨矿过程粒度分布形状的控制方法，最终将输出矿石粒度分布形状跟踪一个给定的分布形状，通过仿真实验验证了所提方法的有效性。

（5）粮食加工过程颗粒粒度分布控制[26,36,40,63,64]：粮食加工过程利用两个表面上刻有刀齿的磨盘或滚筒对粮食进行碾磨，主要通过调整磨盘或滚筒之间的间隙大小来控制碾碎颗粒的大小。然而，由于不同食品种类对颗粒粒度分布形状要求不同，使碾磨的粮食颗粒粒度分布形状具有较强的随机分布特征，因此，粮食加工过程是一个典型的随机分布控制系统。目前，现有的关于颗粒粒度分布的激光粒度分析仪可以直接测量颗粒粒度分布的 PDF 形状，因此，利用随机分布控制方法可以实现颗粒粒度分布的输出 PDF 闭环控制，能够使加工后的粮食颗粒粒度分布形状符合期望的分布形状，使碾碎后的粮食颗粒粒度分布的 PDF 形状符合后续的食品加工工序要求，从而提高整个系统的控制质量及生产效率。

（6）浮选过程泡沫尺寸分布控制[65-69]：泡沫浮选过程利用不同矿物表面的物理化学特性差异，使矿浆气泡具有选择性地吸附矿物粒子的能力，一部分矿物粒子被吸附在气泡表面，另一部分则被丢弃在矿浆中，这是当前选矿应用最为广泛的方法之一。泡沫尺寸分布形状作为衡量浮选生产过程重要的工艺指标之一，对降低浮选药剂消耗量、提高矿粒的附着率及矿物资源的回收率等均具有重要意义。但是，浮选过程综合了气、固、液三相中完成的复杂物理、化学反应过程，泡沫尺寸呈现出较强的非高斯随机分布特征。目前，利用机器视觉检测系统可以很容易获得浮选过程表面的泡沫尺寸分布等特征，而浮选过程控制的目的是通过选择合适的浮选药剂添加量等操作参数，使最终的泡沫尺寸分布的 PDF 形状能够满足浮选工艺要求。因此，研究浮选过程泡沫尺寸分布形状控制方法，对提高浮选过程运行工况稳定性及效率具有重要的理论研究意义和应用价值。

以上介绍了随机分布控制在几类实际工业过程中的应用。此外，结晶过程晶体尺寸分布控制[70,71]及焊缝跟踪系统控制[72]等都可以看作典型的随机分布控制问题，因此，随着检测技术的不断发展，可以预见随机分布控制在未来实际工业过程中将具有巨大的应用前景。

1.4 本书主要内容

针对当前非高斯工业过程控制与优化等方面存在的问题，笔者总结了近年来研究团队在非高斯工业过程的建模、控制和优化方面的相关研究成果，主要内容如下。

第 2 章为非高斯随机分布控制基础。本章简要介绍本书所涉及的基础理论，主要包括非高斯随机分布系统建模机理、四类常见的 B 样条模型、RBF 样条模型和基于样条模型的随机分布控制等。

第 3 章为基于几何分析双闭环迭代学习控制（Iterative Learning Control，ILC）的非高斯工业过程随机分布控制。本章主要针对由于采用传统机理分析方法无法建立非高斯工业过程数学模型，进而难以实现过程控制的难题，将数据驱动建模和控制相结合，集成数据驱动子空间参数辨识、几何分析双闭环 ILC 与随机分布控制（SDC）等理论方法，提出基于几何分析双闭环 ILC 的非高斯工业过程控制方法。所提方法针对具有非高斯工业过程特有的时空特征设计双闭环控制结构，分别基于 ILC 原理通过跟踪误差实现随机分布模型和控制量的迭代更新。在内回路，基于 ILC 原理构建非高斯工业过程的 PDF 模型和参数自适应调节机制，包括权值向量的线性子空间参数辨识和基于迭代学习的基函数参数自适应调整；在外回路，通过引入基于几何分析 ILC

算法实现控制量的更新，从而提升闭环控制系统的收敛速度等控制性能。基于造纸制浆过程数据的仿真实验结果表明：所提方法通过过程空间变量（基函数形状）和时域变量（权值向量）的混合动态控制，实现工业过程输出纤维长度分布形状的跟踪控制。

第 4 章为基于数据驱动预测 PDF 控制的非高斯工业过程随机分布控制。本章考虑到非高斯工业过程运行时变的存在情况，针对采用传统线性子空间辨识建立的输出 PDF 模型存在泛化能力弱、精度不高等问题，将智能建模、数据驱动预测控制及随机分布控制等相集成，提出了基于数据驱动预测 PDF 控制的非高斯工业过程随机分布控制方法。首先，利用数据驱动智能建模方法构建表征控制输入与权值向量之间动态关系的非线性模型，通过引入基函数参数的迭代学习更新机制，根据动态 PDF 模型误差对基函数参数进行自适应调节；其次，在构建输出 PDF 动态模型的基础上，综合随机分布控制和数据驱动预测控制，将控制器设计转化为求解有约束的最优化问题；最后，基于造纸制浆生产过程数据的仿真实验，验证了所提方法的有效性。

第 5 章为基于多目标非线性预测控制的非高斯工业过程随机分布控制。本章针对以单一的产品质量 PDF 形状为控制模式难以全面实现非高斯工业过程有效控制的问题，进一步提出面向时空域内运行指标输出 PDF 和纯时域内运行指标的非高斯工业过程多目标非线性随机分布控制方法。所提方法以基于数据驱动 RVFLN 的动态混合建模算法构建纯时域内运行指标的混合动态预测模型，综合数据驱动控制、随机分布控制和多目标优化控制，在建立的混合动态预测模型的基础上，提出基于多目标非线性预测控制的非高斯工业过程随机分布控制策略。所述的混合动态预测模型包括时空域内运行指标输出 PDF 和纯时域内运行指标的混合预测模型，即具有时空动态特性的输出 PDF 模型和纯时域动态特性的运行指标模型；最终，将多目标控制设计问题转化为具有约束多目标优化的求解问题，并基于造纸制浆生产过程数据的仿真实验，验证了所提方法的有效性。

第 6 章为基于目标函数分布形状的非高斯工业过程概率约束随机优化。为了解决具有非高斯分布特征的工业过程随机优化问题，引入表征工业过程运行品质的目标函数 PDF 形状对工业过程运行随机性进行定量分析，同时在具有概率约束的情况下，提出一种基于概率约束下目标函数 PDF 形状的非高斯工业过程随机优化方法，并将随机分布控制的思想进一步推广到优化方法中。所提出的基于目标函数 PDF 形状的随机优化方法可以看作随机系统输出 PDF 控制问题，并进一步提出具有均值约束的随机系统最小熵控制方法推广到基于目标函数 PDF 形状的随机优化方法中；最后，基于高炉炼铁过程数据仿真实验，验证了所提方法的有效性和先进性。

参考文献

[1] 柴天佑. 工业过程控制系统研究现状与发展方向[J]. 中国科学: 信息科学, 2016, 46(8): 1003-1015.

[2] 柴天佑. 生产制造全流程优化控制对控制与优化理论方法的挑战[J]. 自动化学报, 2009, 35(6): 641-649.

[3] SUN X B, DING J L, WANG H, et al. Iterative learning based particle size distribution control in grinding process using output PDF method[C]//Proceedings of International Conference on Control and Automation, Hangzhou, China, 2013.

[4] ZHANG Y, ZHOU P, LV D, et al. Inverse calculation of burden distribution matrix using B-Spline model based PDF control in blast furnace burden charging process[J]. IEEE Transactions on Industrial Informatics, 2023, 19(1):317-327.

[5] LI M J，ZHOU P, LIU Y, et al. Data-driven predictive probability density function control of fiber length stochastic distribution shaping in refining process[J]. IEEE Transactions on Automation Science and Engineering, 2020, 17(2):633-645.

[6] ZHANG J F, YUE H, ZHOU J L. Predictive PDF control in shaping of molecular weight distribution based on a new modeling algorithm[J]. Journal of Process Control, 2015, 30: 80-89.

[7] ZHU J Y, GUI W H, YANG C H, et al. Probability density function of bubble size based reagent dosage predictive control for copper roughing flotation[J]. Control Engineering Practice, 2014, 29(8): 1-12.

[8] WANG H. Bounded dynamic stochastic distributions modelling and control[M]. London: Springer-Verlag, 2000.

[9] KÁRNÝ M. Towards fully probabilistic control design[J]. Automatica, 1996, 32(12): 1719-1722.

[10] FORBES M G, FORBES J F, GUAY M. Regulatory control design for stochastic processes: shaping the probability density function[C]//Proceedings of the 2003 American Control Conference, Denver, USA, 2003.

[11] FORBES M G, GUAY M. Nonlinear stochastic control via stationary response design[J]. Probabilistic Engineering Mechanics, 2003, 18(1): 79-86.

[12] FORBES M G, GUAY M, FORBES J E. Control design for first-order processes: shaping the probability density of the process state[J]. Journal of Process Control, 2004, 14(4): 399-410.

[13] ELBEYLI O, HONG L, SUN J Q. On the feedback control of stochastic systems

tracking pre-specified probability density functions[J]. Transactions of the Institute of Measurement and Control, 2005, 27(5): 319-330.

[14] JONES D G, WANG H. A new non-linear optimal control strategy for paper formation[J]. Institute of Measurement and Control, 1999, 32(8): 241-245.

[15] WANG H. Detect unexpected changes of particle size distribution in paper-making white water systems[C]//Proceedings of the 3rd IFAC Workshop on on-line Fault Detection and Supervision in the Chemical Process Industry, Lyon, France, 1998.

[16] YUE H, JIAO J, BROWN E L, et al. Real-time entropy control of stochastic systems for an improved paper web formation[J]. Measure & Control, 2001, 34(5):134-139.

[17] NOBAKHTI A, WANG H. Minimization of wet end disturbances during web breaks using online LAV estimation[J]. Control Engineering Practice, 2010, 18(4): 433-447.

[18] 岳红, 王宏, 张金芳. 聚合物生产分子量分布建模与控制研究[J]. 化工自动化及仪表, 2004, 31(6):1-7.

[19] REN Y W, WANG A P, WANG H. Fault diagnosis and tolerant control for discrete stochastic distribution collaborative control systems[J]. IEEE Transactions on Systems, Man, and Cybernetics: Systems, 2015, 45(3): 462-471.

[20] 申珊华, 曹柳林, 王晶. 基于分布函数矩的聚合物分子量分布预测控制[J]. 化工学报, 2013, 64(12): 4379-4384.

[21] WANG H. Control of the output probability density functions for a class of nonlinear stochastic systems[C]//Proceedings IFAC Workshop on Algorithms & Architecture for Real Time Control, Cancun, Mexico, 1998.

[22] WANG H. Control for bounded pseudo ARMAX stochastic systems via linear B-Spline approximations[C]//Proceedings of the 39th IEEE Conference on Decision and Control, Sydney, Australia, 2000.

[23] WANG H. Robust control of the output probability density functions for multivariable stochastic systems with guaranteed stability[J]. IEEE Transactions on Automatic Control, 1999, 41(11): 2103-2107.

[24] WANG H, ZHANG J H. Bounded stochastic distribution control for pseudo ARMAX systems[J]. IEEE Transactions on Automatic Control, 2001, 46(3): 486-490.

[25] WANG H. Minimum entropy control for non-Gaussian dynamic stochastic systems[J]. IEEE Transactions on Automatic Control, 2002, 47(2): 398-403.

[26] WANG A P, AFSHAR P, WANG H. Complex stochastic system modeling and control via iterative machine learning[J]. Neurocomputing, 2008, 71(13-15): 2685-2692.

[27] WANG H, AFSHAR P. ILC-based fixed-structure controller design for output PDF shaping in stochastic systems using LMI technique[J]. IEEE Transactions on Automatic Control, 2009, 54(4): 760-773.

[28] ZHOU J L, YUE H, ZHANG J F, et al. Iterative learning double closed-loop structure

for modeling and controller design of output stochastic distribution control systems[J]. IEEE Transactions on Control Systems Technology, 2014, 22(6): 2261-2276.

[29] AFSHAR P. Intelligent model reference adaptive distribution control for non-Gaussian stochastic systems[C]//Proceedings of the 2009 IEEE International Conference on Networking, Sensing and Control, Okayama, Japan, 2009.

[30] ZHOU J L, WANG X, ZHANG J F, et al. A new measure of uncertainty and the control loop performance assessment for output stochastic distribution systems[J]. IEEE Transactions on Automatic Control, 2015, 60(9): 2524-2529.

[31] YUE H, ZHOU J L, WANG H. Minimum entropy of B-spline PDF systems with mean constraint[J]. Automatica, 2006, 42(6): 989-994.

[32] WANG Y J, WANG H. Suboptimal mean controllers for bounded and dynamic stochastic distributions[J]. Journal of Process Control, 2002, 12(3): 1281-1288.

[33] ZHOU J L, LI G T, WANG H. Robust tracking controller design for non-Gaussian singular uncertainty stochastic distribution systems[J]. Automatica, 2014, 50(4): 1296-1303.

[34] 陈海永, 王宏. 基于LMI的参数随机变化系统的概率密度函数控制[J]. 自动化学报, 2007, 33(11): 1216-1220.

[35] 周靖林, 王宏. 输出概率密度函数的最优跟踪控制: 均方根B样条模型[J]. 控制理论与应用, 2005, 22(3): 369-376.

[36] 王宏, 岳红. 随机系统输出分布的建模、控制与应用[J]. 控制工程, 2003, 10(3): 3-7.

[37] ZHOU J L, YUE H, WANG H. Shaping of output PDF based on the rational square-root B-Spline Model[J]. Acta Automatica Sinica, 2005, 31(3): 343-351.

[38] 姚利娜, 王宏. 基于有理平方根逼近的非高斯随机分布系统的故障诊断和容错控制[J]. 控制理论与应用, 2006, 23(4): 562-568.

[39] ZHOU P, LI M J, GUO D W, et al. Modeling for output fiber length distribution of refining process using wavelet neural networks trained by NSGA-Ⅱ and gradient based two-stage hybrid algorithm[J]. Neurocomputing, 2017, 238(C): 24-32.

[40] 王宏, 丁进良, 柴天佑, 等. 随机分布控制系统研究进展及应用[C]//2009年中国自动化大会暨两化融合高峰会议, 杭州, 中国, 2010.

[41] GUO L, WANG H. PID controller design for output PDFs of stochastic systems using linear matrix inequalities[J]. IEEE Transactions on Systems, Man, and Cybernetics, Part B (Cybernetics), 2005, 35(1): 65-71.

[42] GUO L, WANG H. Generalized discrete-time PI control of output PDFs using square root B-spline expansion[J]. Automatica, 2005, 41(1): 159-162.

[43] YI Y, GUO L, WANG H. Constrained PI tracking control for output probability distributions based on two-step neural networks[J]. IEEE Transactions on Circuits and Systems-I, 2009, 56(7): 1416-1426.

[44] WANG H, ZHANG J F, YUE H. Multi-step predictive control of a PDF shaping problem[J]. Acta Automatica Sinica, 2005, 31(2): 274-279.

[45] WANG H. Model reference adaptive control of the output stochastic distributions for unknown linear stochastic systems[J]. International Journal of Systems Science, 1999, 30(7): 707-719.

[46] YI Y, GUO L, WANG H. Adaptive statistic tracking control based on two steps neural networks with time delays[J]. IEEE Transactions on Neural Networks, 2009, 20(3): 420-429.

[47] LI G, ZHAO Q. Adaptive Fault-tolerant stochastic shape control with application to particle distribution control[J]. IEEE Transactions on Systems, Man, and Cybernetics: Systems, 2015, 45(12): 1592-1604.

[48] LIU Y, WANG H, HOU C H. Sliding-mode control design for nonlinear systems using probability density function shaping[J]. IEEE Transactions on Neural Networks and Learning Systems, 2014, 25(2): 332-343.

[49] ARIMOTO S, KAWAMURA S, MIYAZAKI F. Bettering operation of robots by learning[J]. Journal of Robotic Systems, 1984, 1(2): 123-140.

[50] ARIMOTO S, KAWAMURA S, MIYAZAKI F. Bettering operation of dynamic systems by learning: A new control theory for servomechanism or mechatronic system[C]//Processing of the 23rd Conference on Decision and Control, Las Vegas, NV, USA, 1984.

[51] WANG Y Q, GAO F R, DOYLE F J. Survey on iterative learning control, repetitive control, and run-to-run control[J]. Journal of Process Control, 2009, 19(10): 1589-1600.

[52] CHI R H, LIU X H, ZHANG R K, et al. Constrained data-driven optimal iterative learning control[J]. Journal of Process Control, 2017, 55: 10-29.

[53] JANSSENS P, PIPELEERS G, SWEVERS J. A data-driven constrained norm-optimal iterative learning control framework for LTI systems[J]. IEEE Transactions on Control Systems Technology, 2013, 21(2): 546-551.

[54] ZHOU J L, ZHOU D H, WANG H, et al. Distribution function tracking filter design using hybrid characteristic functions[J]. Automatica, 2010, 46(1): 101-109.

[55] GUO L, YIN L P, WANG H, et al. Entropy optimization filtering for fault isolation of nonlinear non-Gaussian stochastic systems[J]. IEEE Transactions on Automatic Control, 2009, 54(4): 804-810.

[56] GUO L, WANG H, CHAI T Y. Fault detection for non-linear non-Gaussian stochastic systems using entropy optimization principle[J]. Transactions of the Institute of Measurement and Control, 2006, 28(2): 145-161.

[57] YAO L N, QIN J F, WANG H, et al. Design of new fault diagnosis and fault tolerant control scheme for non-Gaussian singular stochastic distribution systems[J]. Automatica, 2012, 48(9): 2305-2313.

[58] YIN L P, GUO L. Fault isolation for dynamic multivariate nonlinear non-Gaussian stochastic systems using generalized entropy optimization principle[J]. Automatica, 2009, 45(11): 2612-2619.

[59] YAO L N, PENG B. Fault diagnosis and fault tolerant control for the non-Gaussian time-delayed stochastic distribution control system[J]. Journal of the Franklin Institute, 2014, 351(3): 1577-1595.

[60] YI L P, GUO L. Robust PDF control with guaranteed stability for non-linear stochastic systems under modelling errors[J]. IET Control Theory & Applications, 2009, 3(5): 575-582.

[61] 孙绪彬. 输出 PDF 建模与控制及其在火焰温度场中的应用[D]. 北京: 中国科学院研究生院, 2007.

[62] 张金芳, 赵建勋, 李进. 随机分布控制在炉膛截面温度场中的应用研究[J]. 计算机与现代化, 2017, 5: 45-49.

[63] 彭建恩. 制粉工艺与设备[M]. 成都: 西南交通大学出版社, 2005.

[64] 李林轩, 王晓芳, 李硕. 小麦制粉工艺控制与设备操作管理[J]. 粮食加工, 2012, 37(6): 14-17.

[65] ZHU J Y, GUI W H, LIU J P, et al. Combined fuzzy based feed forward and bubble size distribution based feedback control for reagent dosage in copper roughing process[J]. Journal of Process Control, 2016, 39: 50-63.

[66] XIE Y F, CAO B F, HE Y P, et al. Reagent dosages control based on bubble size characteristics for flotation process[J]. IET Control Theory & Applications, 2016, 10(12): 1404-1411.

[67] ZHU J Y, GUI W H, YANG C H, et al. Probability density function of bubble size based reagent dosage control for flotation process[J]. Asian Journal of Control, 2014, 16(3): 765-777.

[68] 朱建勇, 桂卫华, 阳春华, 等. 基于泡沫尺寸随机分布的铜粗选药剂量控制[J]. 自动化学报, 2014, 40(10): 2089-2097.

[69] 刘金平, 桂卫华, 唐朝晖, 等. 基于泡沫大小动态分布的浮选生产过程加药量健康状态分析[J]. 控制理论与应用, 2013, 30(4): 492-502.

[70] BARATTI R, TRONCI S, ROMAGNOLI J A. A generalized stochastic modelling

approach for crystal size distribution in antisolvent crystallization operations[J]. AIChE Journal, 2017, 63(2): 551-559.

[71] GHADIPASHA N, ROMAGNOLI J A, TRONCI S, et al. A model-based approach for controlling particle size distribution in combined cooling-antsolvent crystallization processes[J]. Chemical Engineering Science, 2018, 23(190): 260-272.

[72] 陈海永. 随机分布控制及其在焊缝跟踪系统中的可行性研究[D]. 北京: 中国科学院研究生院, 2008.

第 2 章
非高斯随机分布控制基础

2.1 引言

过去几十年，随机系统的控制问题一直是控制领域研究的重要内容之一，已经形成了系统的随机控制理论，提出了最小方差控制、自适应控制和线性高斯二次型等一系列控制方法[1,2]，极大地丰富了随机控制理论和应用。然而，当前方法大多需要系统输出随机变量满足高斯分布的假设，其研究重点也只是系统变量本身的统计特性，如系统的输入变量和输出变量的均值和方差等指标。但是，实际工业运行的随机性并不满足高斯分布的假设，在这种情况下，随机变量的均值和方差不能完全反映其随机分布信息。根据统计学相关的知识，随机过程的随机性最直观地反映在其随机变量的概率密度函数（Probability Density Function，PDF）上。因此，随机系统的输出 PDF 控制方法成为研究随机控制理论的重要途径。

在当前众多随机系统的控制问题研究中，王宏教授针对实际造纸工业过程控制问题，提炼出一种新颖的随机系统输出变量的 PDF 控制，又称随机分布控制（Stochastic Distribution Control，SDC）[3]，其主要利用 B 样条神经网络或者 RBF 神经网络逼近系统输出变量的 PDF 形状，通过直接设计纯时域控制器以使系统输出随机变量的 PDF 形状跟踪一个给定的 PDF 形状。例如，在造纸工业过程中，表征纸品质量的纸张孔径大小、白水池絮凝颗粒大小和纸张纤维长度均具有典型的随机分布特性，其分布形状和过程动态响应密切相关，通过提取纸张在亮光下的灰度分布图得到表征纸品质量随机变量的分布情况，进而得到与之相对应的 PDF 曲线，为了获得质量均匀的纸张，需要将该 PDF 形状维持在一个理想的分布形状[4]。SDC 主要通过引进一组固定结构线性样条基函数对表征纸张质量的随机变量的概率密度函数曲线进行逼近，然后将输出 PDF 和输入之间的非线性关系通过 B 样条神经网络解耦为线性样条相对应的权值和输入之间的动态关系，进而获得过程输入和输出随机变量 PDF 之间的动态关系，此时，过程随机动态特性就可以用一个广义状态空间方程进行描述，进而便于控制器设计和系统控制性能分析。

2.2 非高斯随机分布系统建模机理

2.2.1 B 样条神经网络

B 样条神经网络作为一种基于样条函数插值原理而设计的神经网络，其输入空间定义在 n 维网格上，网格结构的每个元胞均定义了基函数。基函数可以通过局部学习和训练来改变其对应的位置，即改变其中一部分输入空间几乎不改变其他的输入响应。输入轴被分为许多区间，其节点为地址位置。因此，每个输入轴的节点向量包含整个区间被节点分成的子区间值，而这些节点可以根据实际需要设计。

B 样条神经网络建模的性能同其基函数的阶次密切相关，阶次不仅决定了 B 样条的阶次可微性，而且决定了 B 样条函数的宽度和区间。例如，一个阶次为 k 且可微的 B 样条基函数宽度可分为 k 个子区间，每个输入子区间都被映射到 k 个非零 B 样条基函数。随着阶次的增加，函数越来越光滑。因此，B 样条基函数可按照如下的递推式得到：

$$B_{i,l}(y) = \begin{cases} 1, & y \in [\lambda_i, \lambda_{i+1}] \\ 0, & 其他 \end{cases} \tag{2.1}$$

$$B_{i,l}(y) = \frac{y - \lambda_i}{\lambda_{i+l-1} - \lambda_i} B_{i,l-1}(y) + \frac{\lambda_{i+l} - y}{\lambda_{i+l} - \lambda_{i+1}} B_{i+1,l-1}(y), \quad l > 1 \tag{2.2}$$

显然，对于任意 $l \geq 1$，B 样条基函数满足

$$\begin{cases} \dfrac{l}{\lambda_{i+l} - \lambda_i} \displaystyle\int_{\lambda_i}^{\lambda_{i+l}} B_{i,l}(y)\mathrm{d}y = 1, & i = -l+1, -l, \cdots, r \\ B_{i,l}(y) = 0, & y \in (-\infty, \lambda_i] \bigcup [\lambda_{i+l}, +\infty) \\ B_{i,l}(y) > 0, & y \in (\lambda_i, \lambda_{i+1}) \end{cases} \tag{2.3}$$

式（2.3）描述了 B 样条基函数在有效区间的性质及对应的有效区间的宽度。当 $l \geq 3$ 时，基函数在区间 $(-\infty, \infty)$ 内为一个光滑的函数。在大多数情况下，一般采用三阶 B 样条神经网络，三阶 B 样条基函数可以描述为

$$B_{i,3}(y) = \begin{cases} \dfrac{(y-\lambda_i)^2}{h_i(h_i+h_{i+1})}, & y \in [\lambda_i, \lambda_{i+1}) \\[3mm] -\dfrac{(y-\lambda_{i+1})^2}{h_{i+1}(h_{i+1}+h_{i+2})} - \dfrac{(y-\lambda_{i+2})^2}{h_{i+1}(h_i+h_{i+1})} + 1, & y \in [\lambda_{i+1}, \lambda_{i+2}) \\[3mm] \dfrac{(y-\lambda_{i+3})^2}{h_{i+2}(h_{i+1}+h_{i+2})}, & y \in [\lambda_{i+2}, \lambda_{i+3}] \\[3mm] 0, & \text{其他} \end{cases} \qquad (2.4)$$

式中，$h_j = \lambda_j - \lambda_{j-1}$（$j = i, i+1, i+2$）。任意定义的连续函数都可以用 B 样条神经网络来逼近，因此，本书讨论的随机系统也可以用 B 样条神经网络来解耦控制输入变量和输出 PDF 之间的关系。根据 B 样条基函数的逼近方式的不同，已经形成了不同的 B 样条模型。下面将基于 B 样条模型建模机理来说明随机分布系统的建模机理。

2.2.2　B 样条模型建模机理

记 $v(t) \in \mathbf{R}^1$ 为一个定义在 $T = [0, +\infty)$ 上的一致有界的随机变量，即

$$\{v(t), t \in T\} \qquad (2.5)$$

并假定 $v(t)$ 表示随机分布系统的输出。假设 $\boldsymbol{u}(t) \in \mathbf{R}^m$ 为控制随机变量 $v(t)$ 的分布形状的输入向量，则考虑随机系统可以表示为

$$\boldsymbol{u}(t) \to v(t), \forall t \in [0, +\infty) \qquad (2.6)$$

在任意时刻，随机变量 $v(t)$ 分布可以用它的累计概率分布函数 $F(y, \boldsymbol{u}(t))$ 来表述：

$$F(y, \boldsymbol{u}(t)) = P(v(t) < y \mid \boldsymbol{u}(t)) \qquad (2.7)$$

式中，$P(v(t) < y \mid \boldsymbol{u}(t))$ 表示在控制输入 $\boldsymbol{u}(t)$ 作用下随机变量 $v(t)$ 小于 y 的概率。假定累计概率分布函数 $F(y, \boldsymbol{u}(t))$ 是关于 y 的连续函数，则由概率论的相关知识可得到对应的 PDF，记为 $\gamma(y, \boldsymbol{u}(t))$，即

$$\gamma(y, \boldsymbol{u}(t)) = \frac{\mathrm{d}F(y, \boldsymbol{u}(t))}{\mathrm{d}y} \qquad (2.8)$$

故可以得出随机变量 PDF 形状由控制输入 $\boldsymbol{u}(t)$ 决定。此时，假定随机变量的 PDF 为关于控制输入 $\boldsymbol{u}(t)$ 和 y 的连续函数，且随机变量 $v(t)$ 一致有界，故存在一个已知的区间 $[a, b]$，使得

$$y \in [a, b], \quad \forall t \in [0, \infty) \qquad (2.9)$$

成立。对于任意给定的控制输入 $\boldsymbol{u}(t)$ 及所有的 $y \in [a,b]$ ，$\gamma(y,\boldsymbol{u}(t))$ 为 y 的连续函数，由 B 样条神经网络的理论可知[3]，存在一个神经网络使得如下不等式成立：

$$\left\| \gamma(y,\boldsymbol{u}(t)) - \sum_{i=1}^{n} w_i B_i(y) \right\| \leqslant \varepsilon \qquad (2.10)$$

式中，ε 为一个任意小的正常数；$B_i(y)(i=1,2,\cdots,n)$ 为先前在区间 $[a,b]$ 上确定的 B 样条基函数；w_i 为基函数相对应的权值。可以看出，当所有的基函数固定时，不同的控制输入 $\boldsymbol{u}(t)$ 可以产生不同的权值向量，这表明权值 w_i 是控制输入 $\boldsymbol{u}(t)$ 的函数。因此，式（2.10）可以进一步表示为

$$\gamma(y,\boldsymbol{u}(t)) = \sum_{i=1}^{n} w_i(\boldsymbol{u}(t)) B_i(y) + e \qquad (2.11)$$

式中，e 为输出随机变量 PDF 的逼近误差，且 $\|e\| \leqslant \delta$。由此可见，通过基函数建立了控制输入 $\boldsymbol{u}(t)$ 和输出 PDF 之间的关系，输出 PDF 形状的变化可以被认为是由其对应的权值 w_i 变化引起的，因此，进一步综合控制输入 $\boldsymbol{u}(t)$ 和权值 w_i 之间的动态模型，便可获得描述随机分布系统动态的输出 PDF 模型。

2.3　常见的 B 样条模型

2.3.1　线性 B 样条模型

对于动态模型来说，通常情况下，描述控制输入和权值之间关系的动态模型参数可以采用最小二乘法或者子空间辨识方法获得。具体建模算法将在第 3 章进行详细说明，在这里假设离散动态模型为

$$\boldsymbol{V}_{k+1} = \boldsymbol{G}\boldsymbol{V}_k + \boldsymbol{H}\boldsymbol{u}_k \qquad (2.12)$$

式中，$\boldsymbol{V} = [w_1, w_2, \cdots, w_{n-1}]^{\mathrm{T}}$；$\boldsymbol{G}$ 和 $\boldsymbol{H}$ 分别为系数矩阵和输入矩阵。同时，考虑到 PDF 满足在整个区间积分为 1 的自然约束，即

$$\int_a^b \gamma(y,\boldsymbol{u}_k)\mathrm{d}y = 1 \qquad (2.13)$$

此时，式（2.11）可表示为

$$\gamma(y,\boldsymbol{u}_k) = \boldsymbol{C}_0(y)\boldsymbol{V} + L(y) \qquad (2.14)$$

式中：

$$\begin{cases} b_i = \int_a^b B_i(y)\mathrm{d}y \\ \boldsymbol{b}^{\mathrm{T}} = [b_1, b_2, \cdots, b_{n-1}] \in \mathbf{R}^{n-1} \\ \boldsymbol{C}_1(y) = [B_1(y), B_2(y), \cdots, B_{n-1}(y)] \in \mathbf{R}^{1\times(n-1)} \\ L(y) = b_n^{-1} B_n(y) \in \mathbf{R}^1 \\ \boldsymbol{C}_0(y) = \boldsymbol{C}_1(y) - \dfrac{B_n(y)}{b_n}\boldsymbol{b}^{\mathrm{T}} \in \mathbf{R}^{1\times(n-1)} \end{cases}$$

进一步地，随机分布系统模型可表述为

$$\begin{cases} \boldsymbol{V}_{k+1} = \boldsymbol{G}\boldsymbol{V}_k + \boldsymbol{H}\boldsymbol{u}_k \\ \gamma(y, \boldsymbol{u}_k) = \boldsymbol{C}_0(y)\boldsymbol{V}_k + L(y) \end{cases} \tag{2.15}$$

由式（2.15）所示的动态模型可以看出，在 n 个权值中只有 $n-1$ 个权值独立，故模型阶次为 $n-1$，同时，模型中的各种关系均为线性，方便控制器的设计。因此，上述模型是目前最为成熟的线性 B 样条模型[5-7]之一。

2.3.2 平方根 B 样条模型

由于式（2.15）所示的线性 B 样条模型结构简单，在进行控制器设计时可以采用线性系统的设计方法。然而，在权值的训练过程中，时常会得到一些不能满足 PDF 非负性约束的权值向量，因此，为了满足输出 PDF 非负性的约束条件，提出如下平方根 B 样条模型[8-10]：

$$\begin{cases} \boldsymbol{V}_{k+1} = \boldsymbol{G}\boldsymbol{V}_k + \boldsymbol{H}\boldsymbol{u}_k \\ \sqrt{\gamma(y, \boldsymbol{u}_k)} = \boldsymbol{C}_1(y)\boldsymbol{V}_k + w_n B_n(y) \end{cases} \tag{2.16}$$

式中，各个参数的含义与式（2.15）的相同。可以看出，与式（2.15）所示的线性 B 样条模型不同的是，该模型逼近的不是输出 PDF 本身，而是输出 PDF 的平方根，因此，动态部分仍保持式（2.15）所示的 $n-1$ 阶模型结构不变，输出变成非线性形式，同时，通过逼近输出 PDF 的平方根，输出 PDF 恒能保证非负。

此外，利用式（2.13）所示的输出 PDF 满足的自然约束条件，对式（2.16）所示第二式在区间 $[a,b]$ 上积分得到的第 n 个权值为

$$w_n = \frac{\sqrt{\Sigma_2 - \boldsymbol{V}_k^{\mathrm{T}}(\Sigma_2\Sigma_0 - \Sigma_1^{\mathrm{T}}\Sigma_1)\boldsymbol{V}_k} - \Sigma_1\boldsymbol{V}_k}{\Sigma_2} \tag{2.17}$$

式中，$\Sigma_0 = \int_a^b \boldsymbol{C}_1^{\mathrm{T}}(y)\boldsymbol{C}_1(y)\mathrm{d}y$；$\Sigma_1 = \int_a^b \boldsymbol{C}_1(y)B_n(y)\mathrm{d}y$；$\Sigma_2 = \int_a^b B_n^2(y)\mathrm{d}y$。

由式（2.17）不难看出，在线性 B 样条模型中，式（2.15）权值之间的线性关系在此转变为式（2.16）中第二式所示的非线性关系。

由于需要输出 PDF 满足在整个积分区间的值为 1 的自然约束条件，式（2.15）和式（2.16）所示的两种动态随机分布模型仅考虑到前 $n-1$ 个权值的动态控制。而实际过程中，通常期望权值之间相互独立。因此，在随机分布系统建模过程中，就需要提前考虑输出 PDF 的自然约束条件，为了使模型满足式（2.13）所示的自然约束条件，提出了有理 B 样条模型。

2.3.3　有理 B 样条模型

在式（2.15）和式（2.16）所示的线性 B 样条模型和平方根 B 样条模型中，由于需要考虑式（2.13）所示的输出 PDF 的自然约束，即权值之间存在约束。采用 n 个基函数神经网络对输出 PDF 进行逼近，实际上只有 $n-1$ 个权值之间相互独立，这将增加模型结构的复杂性，从而使控制器设计难度进一步增加。因此，提出如下有理 B 样条模型[11,12]：

$$\begin{cases} \boldsymbol{V}_{k+1} = \boldsymbol{G}\boldsymbol{V}_k + \boldsymbol{H}\boldsymbol{u}_k \\ \gamma(y,\boldsymbol{u}_k) = \dfrac{\displaystyle\sum_{i=1}^{n} w_i B_i(y)}{\displaystyle\sum_{i=1}^{n} w_i b_i} \end{cases} \qquad (2.18)$$

式中，各个参数的含义与式（2.15）的相同。显然，式（2.18）所示模型中的输出 PDF 的逼近表达式满足 PDF 在其定义域上积分为 1 的条件。

可以看出，式（2.18）所示模型和式（2.15）所示模型在本质上一致，即二者均逼近输出 PDF 本身，故也具有简单、直观等特点，只是对于同样的基函数来说，权值彼此之间相互独立。从这个意义上看，基于该模型的控制器设计的约束将大大减少。然而，式（2.18）所示模型同式（2.15）所示模型一样，通常存在由于权值可能为负使输出 PDF 为负的情况，也就是说，这两种模型的鲁棒性较差。总的来说，式（2.15）和式（2.18）所示模型虽然简单直观，但是鲁棒性较差。式（2.16）所示的平方根 B 样条模型有较好的鲁棒性，但是由于非线性约束的存在，控制器设计较为复杂。

2.3.4 有理平方根 B 样条模型

由于式（2.15）和式（2.18）所示的线性 B 样条模型和有理 B 样条模型的权值都需要满足输出 PDF 非负的约束及式（2.17）所示模型中的非线性约束，上述三种模型中不是所有的权值都相互独立，也都无法直接用所有的权值来建立模型和构造相应的控制算法。为此，在式（2.18）所示模型的基础上，提出如下一种有理平方根 B 样条模型[13,14]：

$$\begin{cases} \boldsymbol{V}_{k+1} = \boldsymbol{G}\boldsymbol{V}_k + \boldsymbol{H}\boldsymbol{u}_k \\ \sqrt{\gamma(y, \boldsymbol{u}_k)} = \dfrac{\boldsymbol{C}(y)\boldsymbol{V}_k}{\sqrt{\boldsymbol{V}_k^{\mathrm{T}} \boldsymbol{E} \boldsymbol{V}_k}} \end{cases} \tag{2.19}$$

式中：

$$\begin{cases} \boldsymbol{C}(y) = [B_1(y), B_2(y), \cdots, B_n(y)] \\ \boldsymbol{E} = \displaystyle\int_a^b \boldsymbol{C}^{\mathrm{T}}(y)\boldsymbol{C}(y)\mathrm{d}y \\ \boldsymbol{V} = [w_1, w_2, \cdots, w_n]^{\mathrm{T}} \text{ 且 } \boldsymbol{V} \neq 0 \end{cases}$$

可以看出，式（2.19）中的权值的意义与式（2.18）模型中的权值的意义相同，在这两种情形中，当逼近输出 PDF 或输出 PDF 的平方根时，它们只是一个中间变量，并且权值不唯一，这不同于式（2.15）和式（2.16）所示的模型中的权值。对于式（2.18）和式（2.19）所示的模型来说，它们真正的权值分别为 $w_i \Big/ \sum\limits_{j=1}^n w_j \int_a^b B_j(y)\mathrm{d}y$ 和 $w_i \Big/ \sqrt{\sum\limits_{i,j=1}^n w_i w_j \int_a^b B_i(y)B_j(y)\mathrm{d}y}$。式（2.19）所示的模型综合了平方根 B 样条模型和有理 B 样条模型的优点，可以看出，其权值的可行域几乎是整个区域。由于权值之间相互独立，这实际上表明了对于任何一个逼近，不存在所有权值均为零的情形，换句话说，该模型在实际过程中没有任何约束。

上述四种模型奠定了 SDC 理论研究的基础，可以看出，线性 B 样条模型的权值之间的关系最简单，为线性关系；若将其降阶便可得到有理 B 样条模型；若将逼近看作输出 PDF 的平方根，则可得到平方根 B 样条模型，这种方式的逼近提升了模型的鲁棒性。有理平方根 B 样条模型不仅阶次相对降低，保持了平方根 B 样条模型的鲁棒性，并且权值之间不存在任何约束。四种模型之间的关系详见文献[15]。对于随机分布控制系统来说，可以根据不同情境选择合适的模型结构，进一步开展相应的控制方法的研究。

2.4　RBF 样条模型

在上述四种描述随机分布系统动态的 B 样条模型中，虽然 B 样条神经网络具有良好的输出 PDF 逼近效果，但在实际建模过程中存在以下问题。

（1）B 样条基函数为分段非线性函数，只能通过相关的递推公式获得，数学描述相对复杂，在一定程度上增加了计算复杂度。

（2）B 样条模型中主要的参数为阶次及节点的个数与位置，在训练过程中需要调整较多的参数，才能获得理想的逼近效果。

（3）当 B 样条的节点个数增加时，其模型阶次也随之增高。

采用 B 样条神经网络逼近 PDF 模型虽然具有良好的逼近效果，但由于 B 样条基函数需要提前选择适当的阶次、节点的个数和位置，B 样条基函数参数过多地依赖经验调整，尤其对于具有多波峰和非对称等特征的随机变量 PDF，更需要采用多组样条基函数才能获得一定的逼近效果。在这种情况下，一方面，为了实现对输出 PDF 的有效逼近，需要对样条基函数进行反复调整；另一方面，较多的样条基函数将增加模型动态部分的维度，而高维的动态输出 PDF 模型将进一步增加建模过程和控制算法的计算难度。

径向基函数（Radial Basis Function，RBF）神经网络和 B 样条神经网络有相似的逼近特性，两者的工作原理相似，但 RBF 表达式相对简单，仅含有中心值和宽度两个参数，多个径向基函数可在定义区间内任意设置，并且可实现独立调节，能明显降低模型的阶次。因此，考虑到 RBF 以上这些优点，文献[16]和文献[17]采用 RBF 神经网络取代 B 样条神经网络，RBF 径向基函数具有结构简单和参数（中心值和宽度）少等优点，避免了 B 样条基函数在结构和计算方面的复杂性。本书将采用以径向基函数为激活函数的神经网络，即以 RBF 神经网络代替样条基函数为输出的逼近工具，并在此基础上建立相关的输出随机分布系统模型。

2.5　基于样条模型的随机分布控制

近些年，基于各种样条模型的随机分布控制在理论和应用方面的研究成果不断涌现。B 样条模型是随机分布系统输出 PDF 形状控制中应用最广泛的一类模型。例如，文献[4]基于线性 B 样条输出 PDF 模型提出了随机分布系统鲁棒控制方法；文献[5]基于线性 B 样条输出 PDF 模型提出了最小熵控制方法。然而，线性 B 样条模型虽然简单直观，但是存在逼近时会出现负权值的缺点，使输出 PDF 出现负值，而平方根 B 样条模型克服了权值为负的缺点，当输出 PDF 满足积分为 1 的自然约束条件时，权值之间的关系为非线性，与线性 B 样条模型相比增加了控制器设计的难度。文献[9]基于平方根 B 样条模型提出了奇异随机分布系统输出 PDF 鲁棒控制；文献[18]基于平方根 B 样条模型设计了广义 PI 控制，不仅保证了平方根 B 样条模型中的非线性约束条件，而且保证了系统的稳定性；文献[19]利用平方根 B 样条模型对输出 PDF 进行逼近，建立了权值与输入之间的动态关系，将随机分布系统的故障诊断问题转化为具有时延的不确定非线性系统的故障诊断，提出了自适应故障诊断方法来估计故障类型；文献[21]提出了有理平方根 B 样条模型，分析了有理平方根 B 样条模型中伪权值的含义，并且详细介绍了伪权值的获取方法，从全局跟踪控制的角度出发，以新的性能指标和控制策略来设计跟踪控制算法；文献[22]通过有理平方根 B 样条模型描述输出和控制输入之间的动态关系，提出了基于非线性自适应观测器的故障诊断方法。

　　针对 B 样条基函数在阶次、节点个数和位置等结构选择方面存在的复杂性和计算难度的问题，采用 RBF 样条模型取代 B 样条模型，可以有效降低随机分布系统输出 PDF 建模和控制器设计难度。文献[16]和文献[17]提出了基于迭代学习控制的随机分布系统的建模和控制方法，采用 RBF 神经网络逼近输出 PDF 和基于迭代学习更新机制实现了 RBF 基函数参数整定，因此，可将控制时域分为若干个迭代学习的输出 PDF 建模周期，而每个建模周期均看作一个批次。最后，在每个批次内通过控制更新的 RBF 样条模型实现随机分布系统输出 PDF 控制。

参考文献

[1] ASTROM K J. Introduction to Stochastic Control Theory[M]. New York: Academin Press, 1970.

[2] GUO L. Self-convergence of weighted least-squares with applications to stochastic adaptive control[J]. IEEE Transactions on Automatic Control, 1996, 41:79-89.

[3] WANG H. Bounded dynamic stochastic systems: modelling and control[M]. London: Springer-Verlag, 2000.

[4] WANG H. Robust control of the output probability density functions for multivariable stochastic systems with guaranteed stability[J]. IEEE Transactions on Automatic Control, 1999, 41(11): 2103-2107.

[5] YUE H, ZHOU J L, WANG H. Minimum entropy of B-spline PDF systems with

mean constraint[J]. Automatica, 2006, 42(6): 989-994.

[6]　ZHU J Y, GUI W H, YANG C H, et al. Probability density function of bubble size based reagent dosage predictive control for copper roughing flotation[J]. Control Engineering Practice, 2014, 29(8): 1-12.

[7]　ZHOU J L, WANG X, ZHANG J F, et al. A new measure of uncertainty and the control loop performance assessment for output stochastic distribution systems[J]. IEEE Transactions on Automatic Control, 2015, 60(9): 2524-2529.

[8]　WANG Y J, WANG H. Suboptimal mean controllers for bounded and dynamic stochastic distributions[J]. Journal of Process Control, 2002, 12(3): 1281-1288.

[9]　ZHOU J L, LI G T, WANG H. Robust tracking controller design for non-Gaussian singular uncertainty stochastic distribution systems[J]. Automatica, 2014, 50(4): 1296-1303.

[10] LI M J，ZHOU P, LIU Y, et al. Data-driven predictive probability density function control of fiber length stochastic distribution shaping in refining process[J]. IEEE Transactions on Automation Science and Engineering, 2020, 17(2): 633-645.

[11] 王宏, 岳红. 随机系统输出分布的建模、控制与应用[J]. 控制工程, 2003, 10(3): 3-7.

[12] ZHANG J F, YUE H, ZHOU J L. Predictive PDF control in shaping of molecular weight distribution based on a new modeling algorithm[J]. Journal of Process Control, 2015, 30: 80-89.

[13] ZHOU J L, YUE H, WANG H. Shaping of output PDF based on the rational square-root B-Spline Model[J]. Acta Automatica Sinica, 2005, 31(3): 343-351.

[14] 姚利娜, 王宏. 基于有理平方根逼近的非高斯随机分布系统的故障诊断和容错控制[J]. 控制理论与应用, 2006, 23(4): 562-568.

[15] 周靖林. PDF 控制及其在滤波中的应用[D]. 北京: 中国科学院研究生院自动化研究所, 2005.

[16] WANG H, AFSHAR P. ILC-based fixed-structure controller design for output PDF shaping in stochastic systems using LMI techniques[J]. IEEE transactions on automatic control, 2009, 54(4): 760-773.

[17] ZHOU J, YUE H, ZHANG J, et al. Iterative learning double closed-loop structure for modeling and controller design of output stochastic distribution control systems[J]. IEEE Transactions on Control Systems Technology, 2014, 22(6): 2261-2276.

[18] GUO L, WANG H. Generalized discrete-time PI control of output PDFs using square root B-spline expansion[J]. Automatica, 2005, 41(1): 159-162.

[19] ZHANG Y M, GUO L, WANG H. Filter-based FDD using PDFs for stochastic systems with time delays[C]//2005 American Control Conference, Portland, OR, USA, 2005.

[20] ZHOU J L, YUE H, WANG H. Shaping of output PDF based on the rational square-root B-Spline Model[J]. Acta Automatica Sinica, 2005, 31(3): 343-351.

[21] YAO L, WANG H, YUE H, et al. Fault detection and diagnosis for stochastic distribution systems using a rational square-root approximation model[C]//Proceedings of the 45th IEEE Conference on Decision & Control Manchester Grand Hyatt Hotel San Diego, CA, USA, 2006.

基于几何分析双闭环迭代学习控制的
非高斯工业过程随机分布控制

3.1　引言

与常规的工业过程工艺指标参数不同的是，随机分布系统输出 PDF 形状具有很强的非高斯动态特性。针对具有非高斯动态分布特性的复杂工业过程，需要建立描述工业过程控制量和输出 PDF 之间关系的动态模型。由 SDC 理论可知，动态 PDF 由具有空间特征的输出随机变量的 PDF 和具有时域特征的权值向量动态模型组成，首先，利用 B 样条或者 RBF 神经网络近似输出随机变量的 PDF；其次，利用最小二乘估计或其他回归方法建立表征控制量和权值向量之间动态关系的数学模型[1-3]。目前，动态随机分布系统的输出 PDF 模型通常采用 B 样条神经网络或者 RBF 神经网络近似，采用的神经网络包括一组基函数和相对应的权值，而 PDF 动态变化取决于权值的动态变化。然而，对于一些动态特性较为复杂的随机分布系统，采用固定结构 B 样条神经网络对输出 PDF 建模时，为了获得满足动态模型要求的精度和实现理想的跟踪性能，需要提前选择一定数量的基函数，这样不仅导致建模效率低、模型维数高且模型精度不高，而且高维度的输出 PDF 模型增加了控制器设计难度。此外，对于动态特性较为复杂的随机分布系统，采用固定结构 B 样条神经网络模型难以精确描述过程动态的复杂性，这主要是由于采用固定结构 B 样条基函数的输出 PDF 仅考虑动态权值向量的控制，而忽略了输出 PDF 在空间分布形状的动态调节[4]。

为了解决由于基函数参数选择导致随机分布系统输出 PDF 模型精度不高的问题，文献[5]和文献[6]提出了基于迭代学习控制（Iterative Learning

Control，ILC）的随机分布系统的建模与控制方法，将 RBF 基函数参数作为迭代学习更新的整定参数，与传统基于具有固定结构基函数的动态输出 PDF 模型控制方法相比，所提方法不仅考虑了在时域变量的权值控制，而且实现了空间分布形状的控制，因此，对于随机分布控制系统来说，ILC 方法的引入也即如何使随机分布学习过程的输出 PDF 能够快速收敛于给定的 PDF 形状。然而，对于类似于磨浆过程纤维长度分布 PDF 这样的实际过程参数控制问题来说，一方面，为了保证输出 PDF 形状具有明确的物理意义，不仅需要确保输出 PDF 在最后一个迭代批次内恒为非负，而且需要确保其在所有迭代批次内均为非负；另一方面，对于实际工业过程这样的学习过程，不仅需要保证闭环系统的收敛性，而且需要考虑学习算法的收敛速度，对于 SDC 系统的输出 PDF 控制来说，就是需要具有更快收敛速度的 ILC 算法使输出 PDF 能够较快地收敛于期望 PDF。

本章提出一种基于几何分析双闭环 ILC 的非高斯工业过程随机分布控制方法。首先，为了确保随机变量的输出 PDF 恒为非负，采用 RBF 神经网络近似输出 PDF 的均方根。其次，所述双闭环控制结构大致可以分为：在内环内，主要包含权值向量的子空间参数辨识和 RBF 基函数参数的迭代学习更新[4]；在外环内，为了提高输出 PDF 的收敛速度，基于更新的输出 PDF 模型提出了几何分析 ILC 方法[7-9]，所提方法最终将输出 PDF 形状控制分为空间变量（RBF 基函数分布形状）和时域变量（权值向量）混合动态控制。最后，通过数据仿真实验，验证所提方法的有效性。

3.2 基于双闭环 ILC 的随机分布控制策略

ILC 作为一种集更新机制和储存记忆功能于一体的新型控制策略[10,11]，特别适用于具有重复特性的工业过程，如化工过程、工业制造过程等。其主要通过相邻两个迭代周期中的误差信息和输入信息来调节当前迭代周期的输入信息，并根据估计出来的输入信息，通过不断更新产生最优控制输入，使闭环输出能够达到期望轨迹，从而提高控制系统的精准性和快速性。ILC 的主要优点之一在于提高在两个相邻批次之间的闭环系统的跟踪性能，将 ILC 理论引入输出 PDF 控制是 SDC 理论研究的重要进展之一，这主要是因为通过引入 ILC 思想可以将 RBF 基函数参数作为迭代学习律的可调参数，与固定结构 RBF 基函数下仅考虑随机分布系统时域内的动态特征相比，ILC

思想的引入实现了空间变量的动态控制[5,6]。

　　本章提出一种具有双闭环 ILC 结构的非高斯工业过程的输出 PDF 建模与随机分布控制方法，该方法包含基于迭代学习更新机制的基函数参数调节，输出 PDF 的建模与控制。与传统意义上的双闭环控制不同的是，本章所提基于几何分析双闭环 ILC 的随机分布控制策略（见图 3.1），针对具有非高斯工业过程所特有的时空特性设计的双闭环控制结构，所述双闭环分别基于 ILC 原理通过跟踪误差实现动态 PDF 模型和控制量更新，即在内环内，基于更新的输出 PDF 模型重建，包括权值向量的线性子空间参数辨识和基于迭代学习的 RBF 基函数参数自适应更新；在外环内，通过引入几何分析 ILC 方法实现了工业过程控制量更新，进一步加快了闭环系统的收敛速度。

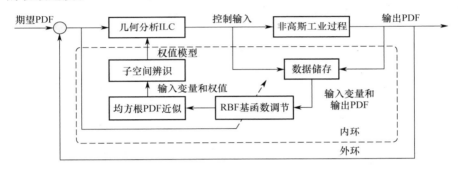

图 3.1　基于几何分析双闭环 ILC 的随机分布控制策略

　　总的来说，将每个迭代学习建模周期均作为一个批次，并且在每个批次内，RBF 基函数是固定的，利用实际测量输出变量的 PDF 与 RBF 神经网络逼近的输出 PDF 之间的误差对 RBF 基函数参数进行迭代学习更新。同时，利用更新估计权值和控制输入，采用线性子空间参数辨识重建权值向量的状态空间模型，基于更新的权值向量模型，采用基于几何分析的 ILC 方法最终实现输出 PDF 控制。因此，本章所提基于几何分析双闭环 ILC 的随机分布控制策略可归纳如下。

　　（1）选定一组初始的 RBF 基函数，对实际测量输出 PDF 相对应的权值向量 V_k 进行估计，得到一组估计权值。

　　（2）利用子空间参数辨识方法构建控制输入 $\boldsymbol{u}_k$ 与权值向量 V_k 的状态空间模型，用权值模型输出乘以高斯基函数，获得模型输出 PDF，然后计算输出 PDF 模型误差。

　　（3）如果误差不能满足要求，则需要在内环内根据迭代学习方法对

RBF 基函数参数进行调节，然后返回步骤（1）继续提取；如果误差满足要求，则进行步骤（4）。

（4）在外环内，采用基于几何分析的 ILC 方法对通过步骤（3）得到的更新的权值向量状态空间模型进行控制，并存储输入数据和输出数据。

（5）如果外环内控制性能指标满足要求，则可停止迭代学习，获得最优控制输入。

本章所述双闭环控制主要包括：在内环内基于迭代学习的 PDF 建模和在外环内基于更新 PDF 模型的几何分析 ILC。因此，整个控制时域包含若干个迭代学习的输出 PDF 的建模周期，每个建模周期均可以被看作一个批次，并且在每个批次内 RBF 中心值和宽度都是固定不变的。

3.3 随机分布系统输出 PDF 建模

3.3.1 均方根 PDF 模型及权值计算

为了方便地描述各种随机过程，假设 $y \in [a, \xi]$ 为描述动态随机系统输出的一致有界随机过程变量，$\boldsymbol{u}_k \in \mathbf{R}^m$ 为 k 时刻影响随机系统分布形状的控制量，这表明在任意采样时刻 k，随机变量 y 可以通过其 PDF 来描述，其定义式如下：

$$P(a \leqslant y < \xi, \boldsymbol{u}_k) = \int_a^\xi \gamma(y, \boldsymbol{u}_k) \mathrm{d}y \qquad (3.1)$$

式中，$P(a \leqslant y < \xi, \boldsymbol{u}_k)$ 为动态随机系统在控制输入 $\boldsymbol{u}_k$ 作用下输出落在区间 $[a, \xi]$ 内的概率，即输出随机变量 y 的 PDF 形状由控制输入 $\boldsymbol{u}_k$ 决定；控制输入 $\boldsymbol{u}_k$ 为决定工业过程输出变量 PDF 形状的控制量。

假设区间 $[a, b]$ 已知，$\gamma(y, \boldsymbol{u}_k)$ 连续且有界，为了确保输出 PDF 具有实际的物理意义，即确保输出 PDF 恒为非负，采用 RBF 神经网络逼近输出 PDF 的均方根，此时输出 PDF 可近似表示为

$$\sqrt{\gamma(y, \boldsymbol{u}_k)} = \sum_{l=1}^n \omega_l(\boldsymbol{u}_k) R_l(y) + e_0(y) \qquad (3.2)$$

式中，$\omega_l(\boldsymbol{u}_k)$ 和 $R_l(y)(l = 1, 2, \cdots, n)$ 分别为 RBF 神经网络的权值和相对应的基函数；$e_0(y)$ 为近似误差。从式（3.2）可以看出，采用均方根输出 PDF 可以保证输出 PDF 存在且恒为非负。此外，基函数采用如下所示的高斯类型函数：

$$R_l(y) = \exp\left(-\frac{(y-\mu_l)^2}{\sigma_l^2}\right) \qquad (3.3)$$

式中，l 为第 l 个网络节点；μ_l 和 σ_l 分别为第 l 个网络节点函数的中心值和宽度。此外，由于随机变量的 PDF 恒满足如下自然隐含条件：

$$\int_a^b \gamma(y, \boldsymbol{u}_k)\mathrm{d}y = 1 \qquad (3.4)$$

为了便于分析忽略逼近误差 $e_0(y)$，此时，式（3.2）可以表示为

$$\sqrt{\gamma(y, \boldsymbol{u}_k)} = \boldsymbol{C}_0(y)\boldsymbol{V}_k + R_n(y)\omega_{n,k} + e_0(y) \qquad (3.5)$$

式中，$\boldsymbol{C}_0(y) = [R_1(y), R_2(y), \cdots, R_{n-1}(y)]$；$\boldsymbol{V}_k = [\omega_1(u_k), \omega_2(u_k), \cdots, \omega_{n-1}(u_k)]^{\mathrm{T}}$。此时，第 n 个权值 $\omega_{n,k}$ 可用前 $n-1$ 个权值向量 $\boldsymbol{V}_k$ 的非线性函数 $h(\boldsymbol{V}_k)$ 表示：

$$\omega_{n,k} = \frac{\sqrt{\boldsymbol{\Sigma}_2 - \boldsymbol{V}_k^{\mathrm{T}}(\boldsymbol{\Sigma}_2\boldsymbol{\Sigma}_0 - \boldsymbol{\Sigma}_1^{\mathrm{T}}\boldsymbol{\Sigma}_1)\boldsymbol{V}_k} - \boldsymbol{\Sigma}_1\boldsymbol{V}_k}{\boldsymbol{\Sigma}_2} \qquad (3.6)$$

式中，$\boldsymbol{\Sigma}_0 = \int_a^b \boldsymbol{C}_0^{\mathrm{T}}(y)\boldsymbol{C}_0(y)\mathrm{d}y$；$\boldsymbol{\Sigma}_1 = \int_a^b \boldsymbol{C}_0(y)R_n(y)\mathrm{d}y$；$\boldsymbol{\Sigma}_2 = \int_a^b R_n^2(y)\mathrm{d}y$。可以看出，若式（3.6）所示的非线性函数 $\omega_{n,k}$ 成立，则需要满足如下约束条件：

$$\boldsymbol{V}_k^{\mathrm{T}}\boldsymbol{\Sigma}_2^{-1}(\boldsymbol{\Sigma}_2\boldsymbol{\Sigma}_0 - \boldsymbol{\Sigma}_1^{\mathrm{T}}\boldsymbol{\Sigma}_1)\boldsymbol{V}_k \leqslant 1 \qquad (3.7)$$

不等式（3.7）可以看作权值向量 $\boldsymbol{V}_k$ 需要满足的约束条件。由式（3.2）可以看出，一旦所有的基函数确定，有界区间 $[a,b]$ 已知，$\boldsymbol{C}_0(y)$ 和 $R_l(y)$ 均已知，就意味着在 n 个权值中有 $n-1$ 个是相互独立的。当输出随机变量的 PDF 可测量时，可通过如下方法对相应的权值进行估计。首先，式（3.5）所示的输出 PDF 的均方根模型可以表示为

$$\sqrt{\gamma(y, \boldsymbol{u}_k)} = [\boldsymbol{C}_0(y)\ R_n(y)]\begin{bmatrix}\boldsymbol{V}_k \\ \omega_{n,k}\end{bmatrix} \qquad (3.8)$$

其次，在式（3.8）两边同时左乘 $[\boldsymbol{C}_0^{\mathrm{T}}(y)\ R_n(y)]^{\mathrm{T}}$，并对两端在区间 $[a,b]$ 上进行积分，由此得到

$$\begin{bmatrix}\int_a^b \boldsymbol{C}_0^{\mathrm{T}}(y)\sqrt{\gamma(y, \boldsymbol{u}_k)}\mathrm{d}y \\ \int_a^b R_n(y)\sqrt{\gamma(y, \boldsymbol{u}_k)}\mathrm{d}y\end{bmatrix} = \begin{bmatrix}\boldsymbol{\Sigma}_0 & \boldsymbol{\Sigma}_1^{\mathrm{T}} \\ \boldsymbol{\Sigma}_1 & \boldsymbol{\Sigma}_2\end{bmatrix}\begin{bmatrix}\boldsymbol{V}_k \\ \omega_{n,k}\end{bmatrix} \qquad (3.9)$$

当矩阵 $\begin{bmatrix} \boldsymbol{\Sigma}_0 & \boldsymbol{\Sigma}_1^{\mathrm{T}} \\ \boldsymbol{\Sigma}_1 & \boldsymbol{\Sigma}_2 \end{bmatrix}$ 非奇异时，式（3.9）所示权值可以通过矩阵求逆获得

$$\begin{bmatrix} \boldsymbol{V}_k \\ \omega_{n,k} \end{bmatrix} = \begin{bmatrix} \boldsymbol{\Sigma}_0 & \boldsymbol{\Sigma}_1^{\mathrm{T}} \\ \boldsymbol{\Sigma}_1 & \boldsymbol{\Sigma}_2 \end{bmatrix}^{-1} \begin{bmatrix} \int_a^b \boldsymbol{C}_0^{\mathrm{T}}(y)\sqrt{\gamma(y,\boldsymbol{u}_k)}\mathrm{d}y \\ \int_a^b R_n(y)\sqrt{\gamma(y,\boldsymbol{u}_k)}\mathrm{d}y \end{bmatrix} \qquad (3.10)$$

式（3.10）揭示了随机分布控制系统的输出 PDF 与权值向量之间的动态关系，在 RBF 基函数参数确定后，且实际输出随机变量的 PDF 可测量时，便可通过式（3.10）获得相应的权值向量。

3.3.2　基于线性子空间的权值向量模型参数辨识

为了建立描述随机分布控制系统的动态输出 PDF 模型，在获得实际测量的输出 PDF 相对应的权值向量后，便可以采用常规的回归建模方法建立权值向量与控制输入之间动态关系的数学模型。此外，N4SID[12,13]、MOESP[14,15]、CPV[16,17]等线性子空间参数辨识方法作为传统系统辨识方法的扩展，由于不需要过多的系统先验知识，可以直接由输入数据和输出数据辨识系统的状态空间模型，降低了辨识过程中的非线性运算的复杂度，使子空间辨识算法实现简单而有效。基于输入变量和式（3.10）估计的权值向量，利用子空间参数辨识方法容易获取权值向量的动态模型。此时，随机分布控制系统的动态输出 PDF 模型可表示为

$$\begin{cases} \boldsymbol{x}_{k+1} = \boldsymbol{A}\boldsymbol{x}_k + \boldsymbol{B}\boldsymbol{u}_k \\ \boldsymbol{V}_k = \boldsymbol{C}\boldsymbol{x}_k + \boldsymbol{D}\boldsymbol{u}_k \\ \sqrt{\gamma(y,\boldsymbol{u}_k)} = \boldsymbol{C}_0(y)\boldsymbol{V}_k + \omega_{n,k}R_n(y) \end{cases} \qquad (3.11)$$

式中，$\boldsymbol{A}$、$\boldsymbol{B}$、$\boldsymbol{C}$ 和 $\boldsymbol{D}$ 均为状态空间矩阵参数；$\boldsymbol{x}_k$ 和 $\boldsymbol{V}_k$ 分别为状态向量和权值向量；$\boldsymbol{u}_k$ 为控制输入。

从式（3.10）和式（3.11）可以看出，在获得相应的权值向量之后，前 $n-1$ 个权值和控制量之间的动态关系可以采用线性状态空间方程表示，即可以利用子空间参数辨识或最小二乘法获得。然而，当实际工业过程控制对模型要求较高，采用式（3.11）所示线性状态空间方程无法描述其动态特征时，也可以采用基于数据驱动智能建模方法构建前 $n-1$ 个权值和控制输入之间的动态关系。同时，从式（3.11）所示的动态输出 PDF 模型可以看出，权值向量和 RBF 基函数形状共同决定随机变量的输出 PDF 形状，其中，中心值和

宽度作为 RBF 基函数的主要参数，决定了工业过程输出 PDF 的建模效果。然而，如果基函数的中心值和宽度选择不当，则将产生较大的输出 PDF 模型误差，进而直接影响闭环系统的控制性能。

3.3.3　基于迭代学习机制的基函数参数更新

从式（3.10）和式（3.11）可以看出，当 RBF 基函数中心值和宽度确定时，能很容易建立动态随机分布系统的输出 PDF 模型。然而，对于一些动态特性较为复杂的工业过程，在采用一组固定结构的 RBF 基函数构建输出 PDF 模型时，难以反映实际工业过程的动态特征。因此，为了使构建的输出 PDF 模型较好地描述实际工业过程的动态，通过引入迭代学习更新机制，利用输出 PDF 模型误差对基函数中心值和宽度进行迭代整定。首先，由式（3.5）可以得到实际输出 PDF 和模型输出 PDF 之间的误差为

$$e(y, \boldsymbol{u}_k) = \sqrt{\gamma(y, \boldsymbol{u}_k)} - \sum_{l=1}^{n} R_l(y)\omega_l(\boldsymbol{u}_k) \tag{3.12}$$

采用文献[5]中 RBF 基函数参数整定方法，通过对 RBF 基函数的中心值和宽度进行迭代更新，使式（3.12）所示的 PDF 误差最小。这里，首先，假设过程在 K 个时刻内实际测量输出 PDF 的向量形式表示为

$$\boldsymbol{g}'(y) = [g_1'(y), g_2'(y), \cdots, g_K'(y)] \tag{3.13}$$

其次，给定一组初始 RBF 基函数的中心值和宽度，利用初始 RBF 基函数对实际测量的输出 PDF 相对应的权值向量进行估计，并利用子空间参数辨识方法建立权值向量的动态模型。再次，将权值向量的动态模型输出与初始 RBF 基函数相乘，得到对应的模型输出 PDF。假设在第 i 次迭代学习更新后模型输出 PDF 的向量形式表示为

$$\boldsymbol{\gamma}_i(y) = [\gamma_{i,1}(y), \gamma_{i,2}(y), \cdots, \gamma_{i,K}(y)] \tag{3.14}$$

为了评估输出 PDF 模型的逼近效果，定义二次型性能指标 $J_{i,m}$ 表示第 i 次迭代学习更新后，第 m 个采样点的模型输出 PDF 与实际输出 PDF 之间的误差，性能指标表示为

$$J_{i,m} = \int_a^b (\gamma_{i,m}(y) - g_m'(y))^2 \mathrm{d}y \tag{3.15}$$

式中，$g_m'(y)$ 和 $\gamma_{i,m}(y)$ 分别为实际测量的 PDF 和第 i 次迭代学习更新后模型输出 PDF。在第 i 次迭代学习更新后，式（3.15）所示的误差向量可以表示

为 $E_i = [J_{i,1}, J_{i,2}, \cdots, J_{i,K}]^T$。因此，$\bar{J}_{i,m} = \sum_{m=1}^{K} J_{i,m}$ 可以看作在第 i 次迭代学习更新后总建模 PDF 误差的总和。

此外，定义第 l 个 RBF 基函数中心值和宽度的增量分别为 $\Delta\mu_{k,i}$ 和 $\Delta\sigma_{k,i}$，利用相邻两个迭代学习周期内的 PDF 近似误差，采用如下迭代学习律分别对 RBF 基函数中心值和宽度进行更新：

$$\begin{cases} \mu_{l,i+1} = \mu_{l,i} + \boldsymbol{\alpha}_\mu \boldsymbol{E}_i \\ \sigma_{l,i+1} = \sigma_{l,i} + \boldsymbol{\beta}_\sigma \boldsymbol{E}_i \end{cases} \tag{3.16}$$

式中，RBF 基函数中心值和宽度的迭代学习律 $\boldsymbol{\alpha}_\mu$ 和 $\boldsymbol{\beta}_\sigma$ 分别为

$$\begin{cases} \boldsymbol{\alpha}_\mu = \zeta_\mu [\lambda_1, \lambda_2, \cdots, \lambda_K] \\ \boldsymbol{\beta}_\sigma = \zeta_\sigma [\lambda_1', \lambda_2', \cdots, \lambda_K'] \end{cases} \tag{3.17}$$

式中，ζ_μ 和 ζ_σ 分别为确定的迭代学习参数；$\lambda_1, \lambda_2, \cdots, \lambda_K$ 和 $\lambda_1', \lambda_2', \cdots, \lambda_K'$ 分别为学习元素；K 为样本数据。从式（3.15）可以看出，$E_i = [J_{i,1}, J_{i,2}, \cdots, J_{i,K}]^T$ 中所有元素均为非负值，因此，ζ_μ 和 ζ_σ 可以为正值，也可以为负值，这就意味着，RBF 基函数的中心值和宽度随着迭代学习次数的增加既可以逐渐增大，也可以逐渐减小。

3.3.4 收敛性分析

对于迭代学习算法，收敛性是保证其被采用的前提，若使式（3.16）所示迭代学习律能够收敛，就须保证总的逼近 PDF 误差能够随着迭代学习次数的增加而逐渐减小，为此，必须满足如下条件：

$$\bar{J}_{i+1,m} \leqslant \bar{J}_{i,m} \tag{3.18}$$

式中，$\bar{J}_{i,m} = \sum_{m=1}^{K} J_{i,m}$，表示第 i 次迭代更新后模型输出 PDF 与实际输出 PDF 之间的误差之和。为了保证式（3.16）所示迭代学习律收敛，考察性能指标 $J_{k,i+1}$ 的增量如下：

$$\Delta J_{i,m} \approx \int_a^b 2(\sqrt{\gamma_{i,m}(y)} - \sqrt{g_m'(y)})\Delta\sqrt{\gamma_{i,m}(y)}\mathrm{d}y \tag{3.19}$$

式中，$\Delta J_{i,m} = J_{i,m} - J_{i-1,m}$。当 RBF 基函数的中心值和宽度发生变化后，第 l 个 RBF 基函数的相应变化值 $\Delta R_{l,i}(y)$ 为

$$\Delta R_{l,i}(y) = R_{l,i}(y) - R_{l,i-1}(y)$$

$$\approx \frac{\partial}{\partial \mu} R_{l,i}(y) \Delta \mu_i + \frac{\partial}{\partial \sigma} R_{l,i}(y) \Delta \sigma_i \qquad (3.20)$$

$$= \frac{2(y - \mu_i)}{\sigma_i^2} R_{l,i}(y) \Delta \mu_i + \frac{2(y - \mu_i)^2}{\sigma_i^3} R_{l,i}(y) \Delta \sigma_i$$

式中，$\Delta \mu_k = \mu_k - \mu_{k-1}$ 和 $\Delta \sigma_k = \sigma_k - \sigma_{k-1}$ 分别为第 l 个 RBF 基函数中心值和宽度的增量。定义 $\Delta \gamma_{i,m}(y)$ 为第 i 次调节后第 m 个采样点的增量值，则输出 PDF 的变化率 $\Delta \gamma_{i,m}(y)$ 可以表示为

$$\Delta \sqrt{\gamma_{i,m}(y)} = \sum_{l=1}^{n} \omega_{l,m} \Delta R_{l,i}(y) \qquad (3.21)$$

根据李氏稳定判据可知，若要保证式（3.18）成立，须满足 $\Delta J_{i,m} \leqslant 0$，因此，将式（3.19）代入式（3.18）可得到式（3.16）所示的迭代学习律收敛的充要条件为

$$\sum_{m=1}^{K} \int_a^b [2(\sqrt{\gamma_{i,m}(y)} - \sqrt{g'_m(y)}) \Delta \sqrt{\gamma_{i,m}(y)}] \mathrm{d}y \leqslant 0 \qquad (3.22)$$

因此，式（3.22）也可以被看作式（3.16）所示的迭代学习律收敛的充要条件。此外，还需要保证 RBF 基函数中心值和宽度均为非负，同时保证式（3.17）所示的学习元素 $\lambda_1, \lambda_2, \cdots, \lambda_K$ 和 $\lambda'_1, \lambda'_2, \cdots, \lambda'_K$ 在迭代学习批次内均应为一组递增向量。

从式（3.16）可以看出，合适的迭代学习参数 $\boldsymbol{\alpha}_\mu$ 和 $\boldsymbol{\beta}_\sigma$ 决定了迭代学习算法的收敛性能，当迭代学习参数 $\boldsymbol{\alpha}_\mu$ 和 $\boldsymbol{\beta}_\sigma$ 选择过大时，将会增加迭代学习算法的收敛速度，也会使 RBF 基函数参数在调整过程中变化较大，甚至出现不收敛的情况；相反，当迭代学习参数 $\boldsymbol{\alpha}_\mu$ 和 $\boldsymbol{\beta}_\sigma$ 较小时，虽然能够保证算法在多次迭代后收敛，但将会导致收敛速度过慢。因此，选择合适的迭代学习参数，既能保证迭代学习算法收敛，又能满足收敛的快速性要求。

3.4　基于几何分析 ILC 的输出 PDF 控制算法

通过上述分析可知，在每个迭代批次内，RBF 基函数中心值和宽度是固定的，而在相邻两个迭代学习批次内，RBF 基函数参数在更新的同时，权值向量状态空间模型也进行相应的迭代学习更新。因此，在任何一个迭代学习

批次内，输出纤维长度分布的 PDF 形状只与权值向量动态有关，这样输出 PDF 控制也就相当于权值向量的动态控制。因此，将 ILC 思想引入 SDC 中，不但可以实现时域的权值向量动态控制，而且保证了空间变量分布形状的调节。为了进一步说明所提方法的优越性，将式（3.11）所示输出 PDF 模型加入迭代周期 i 后，表达式如下：

$$\begin{cases} \boldsymbol{x}_{i,k+1} = \boldsymbol{A}\boldsymbol{x}_{i,k} + \boldsymbol{B}\boldsymbol{u}_{i,k} \\ \boldsymbol{V}_{i,k} = \boldsymbol{C}\boldsymbol{x}_{i,k} + \boldsymbol{D}\boldsymbol{u}_{i,k} \\ \sqrt{\gamma(y, \boldsymbol{u}_{i,k})} = \boldsymbol{C}_0(y)\boldsymbol{V}_{i,k} + R_n(y)\omega_{i,n,k} \end{cases} \tag{3.23}$$

式中，i 为迭代学习周期；k 为每个迭代周期内的采样时刻。

目前，关于 ILC 方法的研究主要集中在寻求一种良好的学习律及学习结构，以保证学习过程的稳定性和提高学习收敛速度。常见的学习律主要包括 P 型学习律、PI 型学习律、PID 型学习律及改进结构的学习律，在此基础上，针对学习算法的稳定性和收敛性、初始值问题及快速收敛等问题展开研究，取得了一系列的研究成果[7-11]。文献[2]和文献[6]分别将 P 型学习律引入随机分布系统的输出 PDF 控制中，使输出 PDF 获得令人满意的跟踪能力。

然而，对于一个具有学习功能的 SDC 系统，不但需要保证输出 PDF 具有良好的跟踪性能，而且需要具有较快的收敛速度。但是，传统的 P 型学习律由于收敛速度不高，其在实际应用中计算时间过长。为了提高输出 PDF 的收敛速度，本章将一种基于几何分析的 ILC 算法[7-9]引入随机分布系统的输出 PDF 控制中，以实现输出 PDF 对期望 PDF 的跟踪控制。

对于传统的 P 型 ILC 控制律，其主要目的是使过程输出权值跟踪期望权值，通常基于式（3.23）所示的动态模型不断进行迭代学习来寻找最优的控制输入：

$$\boldsymbol{u}_{i+1,k} = \boldsymbol{u}_{i,k} + \boldsymbol{L}\boldsymbol{e}_{i,k}, \quad i = 1, 2, 3, \cdots \tag{3.24}$$

式中，$\boldsymbol{e}_{i,k} = \boldsymbol{V}_{i,k} - \boldsymbol{V}_g$，其中 $\boldsymbol{V}_{i,k}$ 为式（3.23）所示过程控制输入 $\boldsymbol{u}_{i,k}$ 相对应的权值；$\boldsymbol{L}$ 为学习增益矩阵。

本章采用均方根 PDF 模型描述过程的动态特征，使输出 PDF 在每个迭代批次内均为非负，这不但保证了在每个迭代批次内前 $n-1$ 个权值恒为非负，而且相应的第 n 个权值存在，即权值满足式（3.7）所示的约束条件。

假设期望权值为 $\boldsymbol{V}_g$，由于控制输入的不确定性，很难得到理想的控制

输入 $\boldsymbol{u}_g$，使得它所对应的期望权值为 $\boldsymbol{V}_g$。通常使用的方法是通过多次迭代来寻求控制输入序列 $\{\boldsymbol{u}_{i,k}\}$，使 $\boldsymbol{u}_{i,k}$ 不断调整，最终无限接近甚至等于 $\boldsymbol{V}_g$。下面对 ILC 算法的构成进行几何向量分析，记 $\hat{\boldsymbol{u}}_{i,k}=\boldsymbol{u}_{i,k}-\boldsymbol{u}_g$，则式（3.24）可以表示为

$$\hat{\boldsymbol{u}}_{i+1,k}=\hat{\boldsymbol{u}}_{i+1,k}+\boldsymbol{L}\boldsymbol{e}_{i,k} \tag{3.25}$$

要使 $\hat{\boldsymbol{u}}_{i,k}=\boldsymbol{u}_{i,k}-\boldsymbol{u}_g\to 0$ 成立，只需要 $\|\hat{\boldsymbol{u}}_{i,k}\|\to 0$，即在式（3.25）所确定的算法中，保证 $\|\hat{\boldsymbol{u}}_{i,k}\|$ 单调递减即可，由式（3.24）不难得到如图 3.2（a）所示的几何关系。

为了有效提高 ILC 算法的收敛速度，在对图 3.2（a）进行分析的基础上，寻找对 $\|\hat{\boldsymbol{u}}_{i,k}\|$ 进行重新调整的方法。在图 3.2（b）中，过 $\|\hat{\boldsymbol{u}}_{i,k}\|$ 的终点作 $\|\hat{\boldsymbol{u}}_{i,k}\|$ 的垂线交 $\|\hat{\boldsymbol{u}}_{i+1,k}\|$ 于点 c，则有 $\|\overrightarrow{oc}\|\leqslant\|\hat{\boldsymbol{u}}_{i+1,k}\|$，且 $\|\overrightarrow{oc}\|>\|\hat{\boldsymbol{u}}_{i,k}\|$。再过 a 点作向量 $\overrightarrow{ad}$ 交 $\overrightarrow{ob}$ 于 d 点，如图 3.2（c）所示，只有 $\beta\leqslant 90°$ 时，$\|\overrightarrow{od}\|$ 才能小于 $\|\hat{\boldsymbol{u}}_{i,k}\|$。记 $\overrightarrow{ad}=\hat{\boldsymbol{e}}_{i,k}$，并取 $\hat{\boldsymbol{u}}^*_{i+1,k}=\overrightarrow{od}$ 来调整 $\hat{\boldsymbol{u}}_{i+1,k}$，则对应的 ILC 律可以表示为

$$\hat{\boldsymbol{u}}^*_{i+1,k}=\hat{\boldsymbol{u}}_{i,k}+\hat{\boldsymbol{e}}_{i,k} \tag{3.26}$$

从式（3.26）可以看出，需要满足条件 $\|\hat{\boldsymbol{u}}^*_{i+1,k}\|\leqslant\|\hat{\boldsymbol{u}}_{i,k}\|$。如何确定 $\hat{\boldsymbol{e}}_{i,k}$，使 $\beta\leqslant 90°$。如图 3.2（c）所示，选取 $\overrightarrow{ad}\perp\boldsymbol{L}\boldsymbol{e}_{i-1,k}$，如果 $\alpha>0$，则可以得到 $\beta\leqslant 90°$，也就是说，只要选择 $\hat{\boldsymbol{e}}_{i,k}\perp\boldsymbol{L}\boldsymbol{e}_{i-1,k}$ 即可。为了使式（3.26）所示算法更具灵活性，在式（3.26）中引进一个自适应因子 η，可得到如下算法：

$$\boldsymbol{u}_{i+1,k}=\boldsymbol{u}_{i,k}+\boldsymbol{L}\left(\boldsymbol{e}_{i,k}-\eta\frac{(\boldsymbol{L}\boldsymbol{e}_{i-1,k})^{\mathrm{T}}\boldsymbol{L}\boldsymbol{e}_{i,k}}{\|\boldsymbol{L}\boldsymbol{e}_{i-1,k}\|^2}\boldsymbol{e}_{i-1,k}\right) \tag{3.27}$$

当 $\eta=0$ 时，式（3.27）变为式（3.24）所示的传统 P 型 ILC 算法；而当 $\eta=1$ 时，式（3.27）变为式（3.24）所示 ILC 控制律的推广形式。如图 3.2（c）所示，式（3.27）所示 ILC 算法是最好的，它所对应的 $\|\hat{\boldsymbol{u}}_{i+1,k}\|$ 的长度最短。但随着 η 的减小，式（3.27）所示的算法性能逐渐减弱，因此它所对应的 $\|\hat{\boldsymbol{u}}_{i+1,k}\|$ 的长度逐渐增大，且当 $\eta=0$ 时所对应的算法性能最差。此外，在另一种情形，即在式（3.27）所示算法满足 $\|\hat{\boldsymbol{u}}_{i+1,k}\|\leqslant\|\hat{\boldsymbol{u}}_{i,k}\|$ 的情况下，式（3.27）所示算法性能恰好与图 3.2（c）所对应的情形 $\|\hat{\boldsymbol{u}}_{i+1,k}\|\geqslant\|\hat{\boldsymbol{u}}_{i,k}\|$ 相反，随着 η 的增大而变差，且当 $\eta=1$ 时，性能最差。

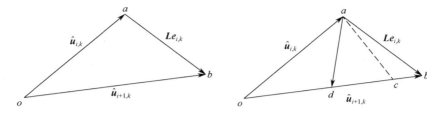

(a) 式（3.25）所示几何分析图　　　　　　　(b) 式（3.26）所示几何分析图

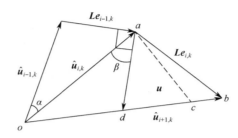

(c) 式（3.27）所示几何分析图

图 3.2　式（3.25）~式（3.27）所示几何分析图

通过上述分析可知，要使式（3.27）所示的算法最优，自适应调节因子 η 在学习过程中应该随误差的增大而增大，随误差的减小而减小。在这里，自适应调节因子 η 选取为

$$\eta = \alpha(1 - \exp(-\beta \|\boldsymbol{e}_{i,k}\|)) \tag{3.28}$$

式中，$\alpha \in (0,1)$，$\beta \in (0, +\infty)$ 均为可调节参数，它们决定自适应因子 η 随误差变化的情况。综上所述，具有自适应调节因子的 ILC 算法为

$$\boldsymbol{u}_{i+1,k} = \boldsymbol{u}_{i,k} + \boldsymbol{L}\left(\boldsymbol{e}_{i,k} - \alpha(1-\exp(-\beta\|\boldsymbol{e}_{i,k}\|))\frac{(\boldsymbol{Le}_{i-1,k})^{\mathrm{T}}\boldsymbol{Le}_{i,k}}{\|\boldsymbol{Le}_{i-1,k}\|^2}\boldsymbol{e}_{i-1,k}\right) \tag{3.29}$$

可以看出，式（3.29）所示的 ILC 算法不再拘泥于式（3.24）所示的传统 P 型 ILC 律，更具有普遍性。对于式（3.29）所示的 ILC 算法，收敛性是保证其能被采用的前提。本章所采用的几何分析 ILC 算法的收敛分析与文献[7]~文献[9]中的算法相似，这里不再重复叙述。

综上所述，本章所述的基于几何分析双闭环 ILC 的随机分布控制算法实现步骤如图 3.3 所示，其主要包括在内环内输出 PDF 建模及在外环内基于更新输出 PDF 模型的几何分析 ILC，具体如下所述。

（1）选择一组初始的 RBF 基函数中心值和宽度，以及学习参数 $\boldsymbol{\alpha}_{\mu}$ 和 $\boldsymbol{\beta}_{\sigma}$。

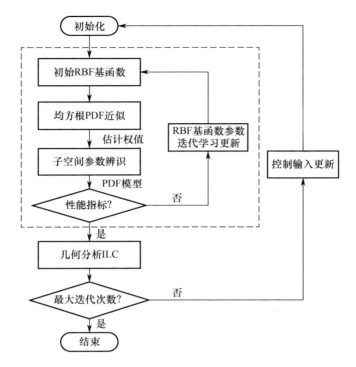

图 3.3　基于几何分析双闭环 ILC 的随机分布控制算法实现步骤

（2）通过式（3.10）计算实际输出 PDF 相对应的初始权值向量。

（3）利用线性子空间辨识方法构建控制输入与估计的初始权值向量之间关系的动态模型，同时，基于式（3.12）所示的实际输出 PDF 与模型输出 PDF 之间的误差性能指标，采用式（3.16）所示的迭代学习律对基函数的中心值和宽度进行更新。

（4）当满足式（3.18）所示的动态 PDF 模型收敛条件时，终止迭代学习过程。否则，重复步骤（2）～步骤（4）。

（5）基于构建的输出 PDF 模型，采用式（3.29）所示的控制算法，当达到最大迭代学习次数时，获得最优控制输入；否则，继续对控制输入进行迭代学习更新。

3.5　仿真实验

为了验证本章所提方法的有效性，本节将以典型的造纸制浆过程为研究对象，开展面向输出纤维长度分布形状的过程随机分布控制算法研究。然而，采用传统机理分析方法难以建立造纸制浆过程的数字模型，缺乏描述输出纤维长度分布形状的动态 PDF 模型，进而难以实现过程优化控制。因此，为了实现具有造纸制浆过程输出纤维长度分布形状的优化控制，首先需要建立描述造纸制浆过程非高斯动态的数学模型，本节将借助造纸制浆过程生产数据，开展所提随机分布系统输出 PDF 建模与控制算法研究。

3.5.1　造纸制浆过程动态分析

典型的造纸制浆过程工艺流程如图 3.4 所示。其主要包括木片预处理、木片研磨及纸浆处理等环节。其中，制浆机是磨浆过程的关键设备之一，主要由定磨盘、动磨盘、液压系统和驱动电机等组成。当制浆机运行时，预处理木片和稀释水分别在螺旋喂料机和供水泵作用下送入磨区，驱动电机带动动磨盘转动，木片在两磨盘间经过机械摩擦、剪切、撕裂、切割等作用，经制浆机研磨的浆料被送入旋风分离器实现汽浆分离，最终获得造纸所需的纸浆。

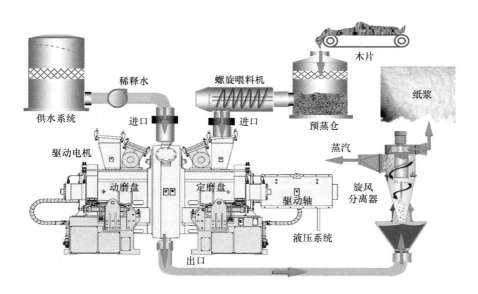

图 3.4　典型的造纸制浆过程工艺流程

造纸制浆过程输入变量主要包括磨盘间隙、磨机转速、螺旋喂料量、稀释水流量、磨盘压力等。目前，为了更好地分析造纸制浆工业过程的动态特性，了解制浆过程中木片研磨过程发生的变化是很有必要的，如文献[18]~

文献[21]将机理和经验相结合，提出了一种关于制浆过程纤维长度均值的数学模型，该模型指出纤维长度的均值主要取决于稀释水流量和磨盘间隙，这主要由于制浆对木片纤维进行切断、压溃、吸水膨胀和细纤维分离时，磨盘间隙直接影响纸浆纤维被切断和压溃的强度。同时，为了使木片纤维能够较好地分离为单根纤维，需要让木片纤维获得足够的水分进行膨胀，而木片纤维的吸水膨胀程度主要取决于稀释水流量。木片纤维被切断、压溃及吸水膨胀的程度决定了最终磨浆过程中纤维长度的分布形状。

通常情况下，分别通过改变螺旋喂料机转速和供水泵转速来调节螺旋喂料量和稀释水流量，在产量一定的情况下，磨机转速和螺旋喂料量是固定不变的。因此，稀释水流量和磨盘间隙不仅可以作为影响纤维长度均值的主要控制变量，还可以作为影响最终输出纤维长度分布形状的控制变量。因此，本章将稀释水流量和磨盘间隙作为影响造纸制浆过程纤维长度分布形状的关键控制变量。

3.5.2　输出 PDF 建模效果

以造纸制浆过程为研究对象，利用本章所提方法建立以磨盘间隙、稀释水流量为输入变量，以纤维长度分布形状 PDF 为输出的造纸制浆过程动态模型。选择一个具有 3 个高斯型激励函数的 RBF 神经网络逼近输出 PDF，其中心值分别为 $\mu_1=0.5$，$\mu_2=1.0$，$\mu_3=1.5$，宽度分别为 $\sigma_1^2=\sigma_2^2=\sigma_3^2=0.06$，学习参数分别为 $\alpha_\mu=0.02$，$\beta_\sigma=0.01$。在本章所述迭代学习更新作用下，在第 16 次迭代后，RBF 基函数的中心值分别为 $\mu_1=0.416$，$\mu_2=0.958$，$\mu_3=1.402$，宽度分别为 $\sigma_1^2=0.076$，$\sigma_2^2=0.056$，$\sigma_3^2=0.044$。

图 3.5 和图 3.6 所示分别为 RBF 基函数的中心值和宽度随着迭代学习次数 i 增加的变化趋势，图 3.7 所示为在迭代 8 次和 16 次后的 RBF 基函数位置变化趋势。可以看出，随着迭代次数 i 的增加，RBF 基函数的中心值位置和宽度逐渐向理想位置移动。图 3.8 所示为总 PDF 建模误差性能指标 $\bar{J}_{i,M}$ 函数随迭代次数 i 的变化趋势，可以看出，随着迭代次数 i 的增加，目标性能函数逐渐减小，并在迭代第 16 次后基本不再变化。

同时，利用子空间参数辨识方法建立以稀释水流量和磨盘间隙为控制输入、以前 $n-1$ 个权值为输出的状态空间模型，并结合 RBF 神经网络输出 PDF 近似部分，最终获得表征制浆过程动态输出纤维长度分布形状的 PDF 模型。本书选择模型阶次为 2，在最后一个迭代批次内，采用所提方法得到如下权值向量的状态空间模型：

$$A = \begin{bmatrix} 0.7276 & -0.421 \\ -0.0142 & 0.6103 \end{bmatrix}, \quad B = \begin{bmatrix} 0.0186 & -0.1545 \\ -0.0007 & -0.0873 \end{bmatrix},$$

$$C = \begin{bmatrix} 0.7934 & -0.342 \\ 0.6037 & 0.7935 \end{bmatrix}, \qquad D = 0$$

(3.30)

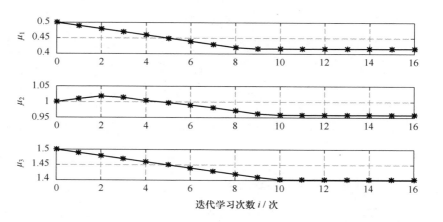

图 3.5　RBF 基函数中心值变化趋势

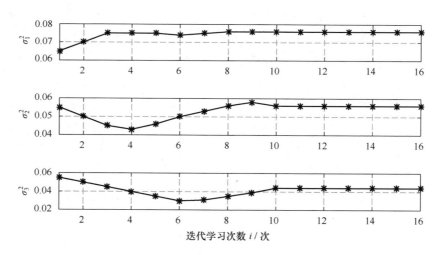

图 3.6　RBF 基函数宽度变化趋势

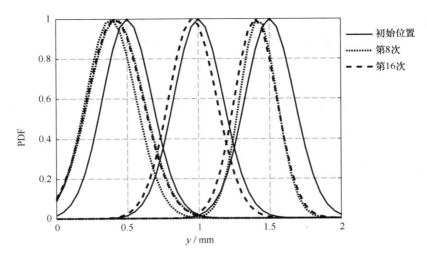

图 3.7　RBF 基函数位置变化趋势

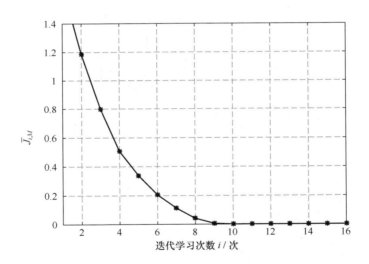

图 3.8　总 PDF 建模误差性能指标变化趋势

3.5.3　输出 PDF 控制效果

为了验证所提方法的有效性，在这里将本章所提控制方法与式（2.24）所示的传统的 ILC 控制方法进行对比研究。选取 $\alpha = 0.8$，$\beta = 0.9$，$\boldsymbol{L} = \begin{bmatrix} 1 & 1 \\ 0 & 1 \end{bmatrix}$，此外，假设初始权值为 $\boldsymbol{V}_0 = [1.65 \quad 0.15]^{\mathrm{T}}$，期望权值为 $\boldsymbol{V}_g = [1.55 \quad 0.562]^{\mathrm{T}}$，假设外环内的每个迭代周期的采样点数均为 30 个，即 $k = 1, 2, \cdots, 30$。

图 3.9 和图 3.10 所示分别为式（3.24）所示的传统 ILC 方法下和本章所提式（3.28）所示方法下所有学习批次内输出 PDF 趋势。可以明显看出，在两种方法下输出 PDF 均能收敛，显然本章所提方法下系统输出 PDF 具有较快的收敛速度。同时，图 3.11 和图 3.12 所示分别为最后一个迭代批次内输出 PDF 变化趋势和初始输出 PDF、最终输出 PDF 及期望输出 PDF 的对比。可以看出，在最后一个迭代批次内输出 PDF 能够较好地跟踪期望 PDF。综上所述，本章所提方法不但使输出 PDF 具有较快的收敛速度，而且能够较好地实现对期望纤维长度分布形状的控制。

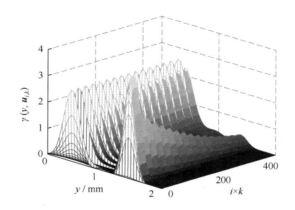

图 3.9　在式（3.24）所示的传统 ILC 方法下所有批次内输出 PDF 趋势

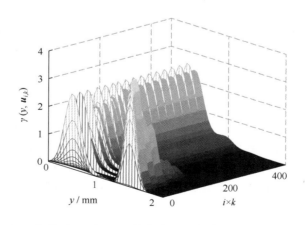

图 3.10　在式（3.28）所示的方法下所有批次内输出 PDF 趋势

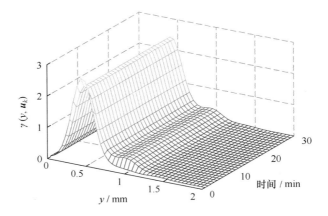

图 3.11　在最后一个迭代批次内输出 PDF 变化趋势

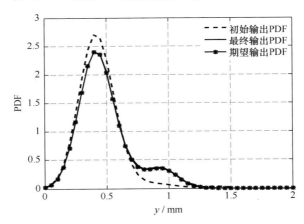

图 3.12　在最后一个迭代批次初始输出 PDF、最终输出 PDF 和期望输出 PDF 的对比

3.6　本章小结

　　本章提出一种基于几何分析双闭环 ILC 方法的非高斯工业过程输出 PDF 控制方法。所述的双闭环控制结构主要包括：在内环内，基于迭代学习更新机制的纤维长度分布的 PDF 建模，其包含权值向量子空间参数辨识和 RBF 基函数的迭代学习更新；在外环内，通过引入基于几何分析的 ILC 方法，有效提升了输出 PDF 的收敛速度，并结合典型造纸制浆过程纤维长度分布形状控制问题，开展数据仿真实验研究。总的来说，本章以实现非高斯工业过程输出变量 PDF 的建模与控制为目的，综合文献[7]～文献[9]所述几何分析迭代学习控制方法，可得到如下结论。

（1）为了保证工业过程随机变量的输出 PDF 具有明确的物理意义，利用 RBF 神经网络逼近输出 PDF 的均方根，保证输出 PDF 恒为非负，这就要求工业过程输出 PDF 不但要在最后一个迭代批次内恒为非负，而且要在所有迭代批次内输出 PDF 恒为非负。

（2）为了提高输出 PDF 的收敛速度，本章所提方法通过引入基于几何分析的 ILC 方法，克服了传统迭代学习控制收敛速度过慢的不足。基于数据的仿真实验结果表明，所提方法能够使工业过程输出 PDF 快速跟踪期望 PDF 的分布形状。

参考文献

[1] WANG H. Bounded dynamic stochastic distributions modelling and control[M]. London: Springer-Verlag, 2000.

[2] AFSHAR P. Intelligent model reference adaptive distribution control for non-Gaussian stochastic systems[C]//Proceedings of the 2009 IEEE International Conference on Networking, Sensing and Control, Okayama, Japan, 2009.

[3] ZHOU P, LI M J, WANG H, et al. Modeling for output fiber length distribution of refining process using wavelet neural networks trained by NSGA-Ⅱ and gradient based two-stage hybrid algorithm[J]. Neurocomputing, 2017, 238: 24-32.

[4] WANG A P, AFSHAR P, WANG H. Complex stochastic system modeling and control via iterative machine learning[J]. Neurocomputing, 2008, 71(13-15): 2685-2692.

[5] WANG H, AFSHAR P. ILC-based fixed-structure controller design for output PDF shaping in stochastic systems using LMI technique[J]. IEEE Transactions on Automatic Control, 2009, 54(4): 760-773.

[6] ZHOU J L, YUE H, ZHANG J F, et al. Iterative learning double closed-loop structure for modeling and controller design of output stochastic distribution control systems[J]. IEEE Transactions on Control Systems Technology, 2014, 22(6): 2261-2276.

[7] 谢胜利, 田森平, 谢振东. 基于几何分析的迭代学习控制快速算法[J]. 控制理论与应用, 2003, 20(3): 419-422.

[8] 谢胜利, 田森林, 谢振东. 一类基于几何分析的迭代学习控制算法[J]. 控制与决策, 2004, 19(9): 1038-1041.

[9] 田森平, 吴忻生. 基于几何分析的分布参数系统的迭代学习控制（英文）[J]. 控制理论与应用, 2012, 29(8): 1082-1085.

[10] 谢胜利, 田森林, 谢振东. 迭代学习控制的理论与应用[M]. 北京: 科学出版社, 2005.

[11] XIE S L, TIAN S P, XIE Z D. New iterative learning control algorithms based on

vector plots analysis[J]. Acta Automatica Sinica, 2004, 30(2): 161-168.

[12] OVERCHEE P V, MOOR B D. Subspace identification of linear systems: theory-implementation applications[M]. Dordrecht, Netherlands: Kluwer, 1996.

[13] VAN OVERSCHEE P, DE MOOR B. N4SID: subspace algorithms for the identification of combined deterministic stochastic systems[J]. Automatica, 1994, 30(1): 75-93.

[14] VERHAEGEN M, DEWILDE P. Subspace model identification Part 1: the output error state space model identification class of algorithms[J]. International Journal of Control, 1992, 56(5): 1187-1210.

[15] VERHAEGEN M. Identification of the deterministic part of MIMO state space models given in innovations form input-output data[J]. Automatica, 1994, 30(1): 61-74.

[16] VERHAEGEN M, DEWILDE P. Subspace model identification Part 2: analysis of the elementary output error state space model identification algorithm[J]. International Journal of Control, 1992, 56(5): 1211-1241.

[17] LARIMORE W E. Canonical variate analysis in identification, filtering, and adaptive control[C]//Proceedings of the 29th IEEE Conference on Decision and Control. Honolulu, 1990.

[18] HARINATH E, BIEGLER L T, DUMONT G A. Control and optimization strategies for thermo- mechanical pulping processes: nonlinear model predictive control[J]. Journal of Process Control, 2011, 21(4): 519-524.

[19] HARINATH E, BIEGLER L T, DUMONT G A. Predictive optimal control for thermo-mechanical pulping processes with multi-stage low consistency refining[J]. Journal of Process Control, 2013, 23(7): 1001-1011.

[20] DU H. Multivariable predictive control of a TMP plant[D]. Vancouver: University of British Columbia, 1998.

[21] QIAN X, TESSIER P. A mechanistic model for predicting pulp properties from refiner operating conditions[J]. Tappi Journal, 1995, 78(78): 215-222.

基于数据驱动预测 PDF 控制的非高斯工业过程随机分布控制

4.1　引言

　　针对非高斯工业过程输出 PDF 的建模与控制问题，第 3 章提出了一种基于几何分析双闭环 ILC 的随机分布控制方法，所提方法输出 PDF 模型中采用线性状态空间模型描述权值向量与控制输入之间的动态关系。然而，对于一些具有多变量强耦合、工况变化频繁和强非线性等综合复杂动态特性的工业过程，当采用第 3 章中式（3.11）所示输出 PDF 模型中的线性状态空间方程来描述非高斯动态特征时，将会导致输出 PDF 模型精度不高、泛化能力弱等，难以满足对输出 PDF 形状在线连续估计和控制的要求，这主要是由于采用传统线性状态空间方程难以描述非高斯随机分布系统的复杂动态特征；此外，对于不能或难以进行机理建模，以及采用传统线性子空间参数辨识或者最小二乘估计等建模方法难以满足模型需求的复杂工业过程，数据驱动智能建模方法常被看作一种有效的替代手段。因此，本章将在第 3 章的基础上，利用数据驱动智能建模方法建立随机分布系统的输出 PDF 动态模型，此时，式（3.11）所示的随机分布控制系统输出 PDF 模型，控制输入与权值向量之间的关系不仅可以是线性的，而且可以是任何非线性的。

　　目前，在一些非高斯随机分布系统建模与控制研究中，通常采用 B 样条神经网络、RBF 神经网络等逼近输出随机变量的 PDF，结合输入变量和权值向量之间的动态模型，最终获得实际工业过程的输出 PDF 模型。例如，文献[1]和文献[2]采用 RBF 神经网络逼近输出 PDF，利用子空间参数辨识方法建立权值向量的线性状态空间模型，并基于构建的输出 PDF 模型提出了不同的 SDC 方法。文献[3]和文献[4]针对化工聚合过程分子量分布形状控制问题，基于采用最小二乘估计方法建立的 B 样条 PDF 模型，提出了分子量分布形状预测控制方法；文献[5]和文献[6]采用 B 样条神经网络估计浮选过程泡沫尺寸分布形状，采用最小二乘支持向量机模型表征控制输入与权值向量的动态关系，并在此基础上提出了浮选过程泡沫尺寸分布形状控制方法。然而，上述研究主要存在如下问题：一方面，针对一些工况时变、对模型精度要求较高的实际工业过程，难以采用线性状态空间方程描述控制输入与输出 PDF 之间的动态关系，而输出 PDF 模型质量直接影响系统控制性能；另一方面，采用 B 样条神经网络逼近 PDF 模型虽然具有良好的逼近效果，但由于 B 样条基函数需要提前选择合适的阶次、节点的个数与位置，其参数过多地依赖经验调整，同时，高维 B 样条 PDF 模型大大增加了建模与控制算法的计算难度。为了解决此问题，文献[7]采用 RBF 神经网络取代 B 样条神经网络，避免了 B 样条基函数在结构和计算时的复杂性。同时，由于 RBF 基函数具有结构简单、参数（中心值和宽度）少等优点，通过引入迭代学习更新机制，可以将基函数的中心值和宽度作为迭代学习律的调节参数，这与具有固定结构的基函数相比，不仅考虑了随机分布控制系统的权值向量控制，即系统时域变量的动态特性，而且考虑了空间变量的动态特性。

　　本章针对具有工况时变、多变量强耦合和强非线性等综合复杂动态特性的非高斯工业过程，提出了一种基于数据驱动预测 PDF 控制的非高斯工业过程随机分布控制方法。首先，将基于数据驱动输出 PDF 的建模方法与 RBF 基函数参数的迭代学习整定相结合，通过数据驱动建模方法构建表征控制输入与权值向量之间关系的非线性动态模型；其次，基于输出 PDF 模型误差对 RBF 基函数参数进行迭代学习更新，获得表征非高斯工业过程的动态输出 PDF 模型；最后，基于构建的动态输出 PDF 模型，将控制器设计转化为求解有约束的最优化问题，并通过基于造纸制浆过程数据的仿真实验验证所提方法的有效性。

4.2　基于数据驱动预测 PDF 控制的随机分布控制策略

　　随着当前企业生产过程、工艺、设备等复杂性增大，依据传统物理、化学机理方法建立的数学模型已难以满足生产过程的实时预报、优化控制和评估等需求。然而，近年来随着人工智能和先进检测技术的快速发展，实际工业过程中时刻都会产生和存储大量运行数据，这些运行数据中包含着生产工艺变化、不确定性、过程运行工况等诸多信息。如何有效利用大量的过程运行数据及知识，实现生产设备和过程的优化控制，已成为当前控制理论及工程应用研究的热点之一[8-10]。目前，对于不能或者难以建立机理模型的复杂动态工业过程，基于数据驱动的回归建模[11-15]、控制[16-19]及故障监测[20-22]等已经成为解决一些实际工程问题的有效手段。

由 SDC 理论可知，非高斯工业过程输出 PDF 模型主要由具有空间特性的输出随机变量近似部分，以及在时域内描述神经网络权值与控制输入之间关系的动态部分组成。为了能够描述随机分布控制系统的控制输入和输出 PDF 之间的动态关系，通常引入一组基函数来逼近输出随机变量的 PDF；然后，通过控制基函数对应的权值来调节输出 PDF 形状，最终将输出 PDF 形状控制转化为基函数对应的权值向量控制。

本章针对工况时变、非线性及强耦合等复杂动态特性的非高斯工业过程，综合数据驱动智能建模与 RBF 基函数参数的迭代学习整定方法，通过智能建模方法构建前 $n-1$ 个权值之间的非线性动态模型。因此，本章所采用的输出 PDF 模型可表示如下：

$$\begin{cases} V(k+1) = f(V(k), u(k)) \\ \sqrt{\gamma(y, u(k))} = C_0(y)V(k) + R_n(y)h(V(k)) \end{cases} \tag{4.1}$$

式中，$f(\cdot)$ 为控制输入和权值向量之间关系的非线性函数。与第 3 章所述一致，在控制输入和输出 PDF 可测，并且利用式（3.10）得到权值向量后，式（4.1）所示控制输入和权值向量之间的非线性动态关系便容易采用数据驱动智能建模方法建立。

目前，常见的数据驱动智能建模方法主要有人工神经网络[15,18]、最小二乘支持向量机[13,16]和案例推理[14,17,23]等。其中，随机权神经网络（RVFLN）[24-25]作为一种简单易用、有效的单隐含层前馈人工神经网络学习算法，在保证逼近任意连续函数的前提下，采用随机给定神经元隐含层权值和偏置，通过计算隐含层输出矩阵的广义逆建立学习网络，克服了传统单隐含层神经网络的缺点，由于训练速度快、模型结构简单且易于实现及泛化能力强等优点，随机权神经网络一经提出便成为人工神经网络领域的研究热点之一，并在模式识别、信号处理、时序预测等诸多领域获得广泛应用[26-29]。综上所述，本章基于数据驱动预测 PDF 控制的非高斯工业过程随机分布控制策略如图 4.1 所示。

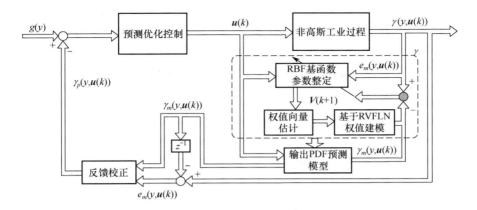

图 4.1　基于数据驱动预测 PDF 控制的非高斯工业过程随机分布控制策略

基于数据驱动预测 PDF 控制的非高斯工业过程随机分布控制策略具体内容如下。

（1）需要建立工业过程输出 PDF 预测模型，与第 3 章类似，本章仍采用 RBF 神经网络近似输出 PDF 的均方根，通过选择初始的 RBF 基函数，可以利用实际测量的输出 PDF 估计相对应的初始权值向量 $V(k)$。

（2）在获得实际测量的输出 PDF 相对应估计权值的基础上，采用 RVFLN 建立权值向量 $V(k)$ 的非线性动态模型，并根据实际输出 PDF 与预测模型输出 $\mathrm{PDF}[\gamma_m(y, \boldsymbol{u}(k))]$ 之间的误差对 RBF 基函数参数进行迭代学习更新，从而获得动态输出 PDF 的预测模型。

（3）考虑到非线性、模型失配和干扰等不确定因素的存在，为了使模型预测输出 PDF 和实际输出 PDF 完全一致，引入反馈校正环节对模型预测误差进行修正，从而获得预测模型输出 PDF，通过优化输出 PDF 跟踪性能指标确定未来的控制输入，最终使输出 PDF 获得良好的目标跟踪能力。

图 4.1 中相关变量和符号含义如表 4.1 所示。

表 4.1　图 4.1 中相关变量及符号含义

变 量 符 号	变量符号含义
$g(y)$	期望输出 PDF
$\gamma(y, \boldsymbol{u}(k))$	实际输出 PDF
$\gamma_m(y, \boldsymbol{u}(k))$	预测模型输出 PDF
$e_m(y, \boldsymbol{u}(k))$	实际输出 PDF 与预测模型输出 PDF 之间的误差
$\gamma_p(y, \boldsymbol{u}(k))$	校正后预测模型输出 PDF
$\boldsymbol{u}(k)$	控制输入

4.3 数据驱动预测 PDF 控制算法

4.3.1 基于 RVFLN 权值向量建模算法

从式（4.1）可以看出，当前时刻工业过程输出 PDF 不但与控制输入有关，同时与前一时刻的输出 PDF 也密切相关。当 RBF 基函数参数已知时，在利用式（3.10）计算不同时刻实际输出 PDF 相对应的权值向量后，便可以采用 RVFLN 构建描述控制输入和估计权值向量之间关系的动态模型。因此，权值向量的动态建模可以看作一个多输入、多输出的回归建模问题，下面简要叙述采用 RVFLN 建立权值向量非线性预测模型的过程。

假设由 m 个输入变量与权值向量组成的样本集合为 $(\boldsymbol{u}_i, \boldsymbol{V}_i)$，其中，$\boldsymbol{u}_i = [u_{i1}, u_{i2}, \cdots, u_{im}]^{\mathrm{T}} \in \mathbf{R}^m$ 表示影响输出 PDF 形状的控制输入变量，$\boldsymbol{V}_i = [V_{i1}, V_{i2}, \cdots, V_{i(n-1)}]^{\mathrm{T}} \in \mathbf{R}^{n-1}$ 表示 n 个权值中的前 $n-1$ 个权值的向量形式。对于一个有 L 个隐含层节点，以 $g(\cdot)$ 作为激活函数的 RVFLN 模型，其输出可以表示为

$$f_R(\boldsymbol{u}_i) = \sum_{j=1}^{L} \boldsymbol{\beta}_j g(\boldsymbol{\omega}_j \cdot \boldsymbol{u}_i + b_j) \tag{4.2}$$

式中，激活函数 $g(\cdot)$ 为常规的 Sigmoid 函数；$\boldsymbol{u}_i \ (i = 1, 2, \cdots, N)$ 为过程控制输入；$\boldsymbol{\omega}_j = [\omega_{j1}, \omega_{j2}, \cdots, \omega_{jm}]^{\mathrm{T}}$ 为 m 个输入节点连接第 j 个隐含层的输入权重；$\boldsymbol{\beta}_j = [\beta_{j1}, \beta_{j2}, \cdots, \beta_{j(n-1)}]^{\mathrm{T}}$ 为第 j 个隐含层连接 $n-1$ 个输出节点的输出权重；b_j 为第 j 个隐含层单元的偏置；$\boldsymbol{\omega}_j \cdot \boldsymbol{u}_i$ 为 $\boldsymbol{\omega}_j$ 和 $\boldsymbol{u}_i$ 的内积。

RVFLN 和其他单隐含层神经网络的学习目标一样，均是使建立的权值向量模型输出与实际输出之间的误差最小，即有 $\sum_{i=1}^{N} \lVert f_R(\boldsymbol{u}_i) - \boldsymbol{V}_i \rVert \to 0$，即存在 $\boldsymbol{\beta}_j$、$\boldsymbol{\omega}_j$ 和 b_j，使得

$$\sum_{j=1}^{L} \boldsymbol{\beta}_j g(\boldsymbol{\omega}_j \cdot \boldsymbol{u}_i + b_j) = \boldsymbol{V}_i \tag{4.3}$$

此时，式（4.3）可以用矩阵表示为

$$\boldsymbol{H}\boldsymbol{\beta} = \boldsymbol{V} \tag{4.4}$$

式中，$\boldsymbol{H}$ 为隐含层输出矩阵；$\boldsymbol{\beta}$ 为输出权重；$\boldsymbol{V}$ 为权值向量预测模型输出。且有

$$\boldsymbol{H}(\boldsymbol{\omega}_1, \cdots, \boldsymbol{\omega}_L, b_1, \cdots, b_L, \boldsymbol{u}_1, \cdots, \boldsymbol{u}_L)$$

$$= \begin{bmatrix} g(\boldsymbol{\omega}_1 \cdot \boldsymbol{u}_1 + b_1) & \cdots & g(\boldsymbol{\omega}_L \cdot \boldsymbol{u}_1 + b_L) \\ \vdots & \cdots & \vdots \\ g(\boldsymbol{\omega}_1 \cdot \boldsymbol{u}_N + b_1) & \cdots & g(\boldsymbol{\omega}_L \cdot \boldsymbol{u}_N + b_L) \end{bmatrix}_{N \times L},$$

$$\boldsymbol{\beta} = \begin{bmatrix} \beta_1^{\mathrm{T}} \\ \vdots \\ \beta_L^{\mathrm{T}} \end{bmatrix}_{L \times (n-1)}, \quad \boldsymbol{V} = \begin{bmatrix} \boldsymbol{V}_1^{\mathrm{T}} \\ \vdots \\ \boldsymbol{V}_N^{\mathrm{T}} \end{bmatrix}_{N \times (n-1)}$$

从式（4.4）可以看出，当输入权重 $\boldsymbol{w}_j$ 和隐含层偏置 b_j 被随机确定后，只需调整输出层权值就可以使网络具有较好的逼近性能。此时，RVFLN 的学习问题就转化为式（4.4）所示的线性系统 $\boldsymbol{H\beta} = \boldsymbol{V}$ 的最小二乘求解问题，因此，隐含层输出矩阵 $\boldsymbol{H}$ 就能被唯一确定，此时输出权重 $\hat{\boldsymbol{\beta}}$ 可表示为

$$\hat{\boldsymbol{\beta}} = \boldsymbol{H}^{\dagger} \boldsymbol{V} \tag{4.5}$$

式中，$\boldsymbol{H}^{\dagger}$ 为矩阵 $\boldsymbol{H}$ 的 Moore-Penrose 广义逆。可以看出，此算法只需要设置网络隐含层节点个数，便可以随机初始化输入权重和隐含层偏置，并得到相应的输出权重，在执行过程中不需要调整网络的输入权重及隐含层偏置，便可以获得唯一的最优解。

为了能够更好地描述非高斯工业过程输出 PDF 的动态特性，本章将当前采样时刻输入量 $\boldsymbol{u}(k) = [u_1(k), u_2(k), \cdots, u_m(k)]$（$m$ 为控制输入个数）及当前时刻相对应的权值向量 $\boldsymbol{V}(k)$ 作为 RVFLN 模型的综合输入，即构建的权值向量预测模型用于实现如下非线性动态映射关系：

$$\boldsymbol{V}_m(k+1) = f_R(\boldsymbol{V}_m(k), \boldsymbol{u}(k)) \tag{4.6}$$

式中，$\boldsymbol{V}_m(k)$ 为权值向量模型输出。此外，在 k 时刻 PDF 模型预测输出为

$$\sqrt{\gamma_m(y, \boldsymbol{u}(k+1))} = \boldsymbol{C}_0(y)\boldsymbol{V}_m(k+1) + R_n(y)h(\boldsymbol{V}_m(k+1)) \tag{4.7}$$

4.3.2　预测 PDF 控制算法

预测控制作为一种基于模型的先进控制技术，由于其只关注过程模型的功能，对模型结构要求不高、灵活的约束处理能力、易于实现和鲁棒性强等优点，已在造纸、冶金、电力、石油和化工等复杂工业过程中获得了广泛应用[30-32]。根据预测控制原理，假设在 k 时刻第 j 步预测模型输出 PDF 为

$$\sqrt{\gamma_m(y, \boldsymbol{u}(k+1))} = \boldsymbol{C}_0(y)\boldsymbol{V}_m(k+1) + R_n(y)h(\boldsymbol{V}_m(k+1)) \tag{4.8}$$

式中，j 为预测步数。此外，在 k 时刻实际输出 PDF 和预测模型输出 PDF 之间的误差为

$$e(y, \boldsymbol{u}(k)) = \sqrt{\gamma(y, \boldsymbol{u}(k))} - \sqrt{\gamma_m(y, \boldsymbol{u}(k))}$$
$$= \boldsymbol{C}_0(y)\hat{\boldsymbol{e}}_1(k) + R_n(y)\hat{\boldsymbol{e}}_2(k) \qquad (4.9)$$

式中，$\hat{\boldsymbol{e}}_1(k) = \boldsymbol{V}(k) - \boldsymbol{V}_m(k)$；$\hat{\boldsymbol{e}}_2(k) = h(\boldsymbol{V}(k)) - h(\boldsymbol{V}_m(k))$；$\gamma(y, \boldsymbol{u}(k))$ 和 $\gamma_m(y, \boldsymbol{u}(k))$ 分别为实际输出 PDF 和预测模型输出 PDF。

考虑到过程运行存在的非线性、模型失配和扰动等不确定性因素，预测模型输出 PDF 难以与实际输出 PDF 完全一致。而在滚动优化过程中，需要实际输出 PDF 与预测模型输出 PDF 保持一致，为此，通常采用反馈校正来降低过程不确定性对系统性能的影响，以此提高系统的控制精度和鲁棒性。利用该误差对第 j 步的预测 PDF 进行反馈修正，补偿后预测模型输出 PDF 为

$$\sqrt{\gamma_p(y, \boldsymbol{u}(k+j))} = \sqrt{\gamma_m(y, \boldsymbol{u}(k+j))} + \beta_j e(y, \boldsymbol{u}(k)) \qquad (4.10)$$

式中，$\beta_j (0 < \beta_j < 1)$ 为校正系数。另外，假设期望输出 PDF 为

$$\sqrt{\gamma_g(y, \boldsymbol{u}(k+j))} = \boldsymbol{C}_0(y)\boldsymbol{V}_g(k+j) + R_n(y)h(\boldsymbol{V}_g(k+j)) \qquad (4.11)$$

式中，$\gamma_g(y, \boldsymbol{u}(k+j))$ 和 $\boldsymbol{V}_g(k+j)$ 分别为期望输出 PDF 和与其相对应的权值向量。此时，结合式（4.8）～式（4.11），在 k 时刻第 j 步期望输出 PDF 和预测输出 PDF 之间的误差为

$$e_p(y, \boldsymbol{u}(k+j)) = \sqrt{\gamma_g(y, \boldsymbol{u}(k+j))} - \sqrt{\gamma_p(y, \boldsymbol{u}(k+j))}$$
$$= \boldsymbol{C}_0(y)\Delta\boldsymbol{V}(k+j) + R_n(y)\Delta\varpi(k+j) - \qquad (4.12)$$
$$\beta_j(\boldsymbol{C}_0(y)\hat{\boldsymbol{e}}_1(k) + R_n(y)\hat{\boldsymbol{e}}_2(k))$$

式中，$\Delta\boldsymbol{V}(k+j) = \boldsymbol{V}_g(k+j) - \boldsymbol{V}_m(k+j)$；$\Delta\varpi(k+j) = h(\boldsymbol{V}_g(k+j)) - h(\boldsymbol{V}_m(k+j))$。

此外，为了保证操作变量的可行性，需要对控制输入的大小加以约束，避免控制作用变化过于剧烈。本章设计控制器的目的是尽可能地使输出 PDF 跟踪期望输出 PDF，因此选取如下所示二次性能指标函数：

$$J = \sum_{j=1}^{N_p}\left[\int_a^b\left(\sqrt{\gamma_g(y, \boldsymbol{u}(k+j))} - \sqrt{\gamma_p(y, \boldsymbol{u}(k+j))}\right)\mathrm{d}y\right]^2 + \qquad (4.13)$$
$$W_j^u\boldsymbol{u}^2(k+j-1)$$

式中，N_p 为预测长度；W_j^u 为对角矩阵，满足 $\boldsymbol{u}_{\min} \leqslant \boldsymbol{u}(k) \leqslant \boldsymbol{u}_{\max}$，且 $\boldsymbol{u}_{\min}$ 和 $\boldsymbol{u}_{\max}$ 分别为控制输入的下限和上限。结合式（4.12）和式（4.13）可以看出，输出 PDF 控制最终转化为权值向量跟踪控制。

此外，从式（4.13）也可以看出，最终 PDF 控制器设计可以看作求解有

约束的最优化问题。针对式（4.13）所示的最优化求解问题，采用遗传算法、粒子群算法和序列二次规划（SQP）算法等优化算法很容易获得最优控制输入。在目前众多优化算法中，SQP 算法作为一种求解具有约束最优化问题的有效方法，由于其具有收敛速度快、计算效率高、边界搜索能力强等优点，在实际中受到广泛重视和应用。本章将 PDF 控制器设计转化为式（4.13）所示求解带约束的优化问题，最终使输出 PDF 获得良好的跟踪能力。

　　综上所述，本章提出的基于数据驱动预测 PDF 控制的非高斯工业过程随机分布控制方法如图 4.2 所示。

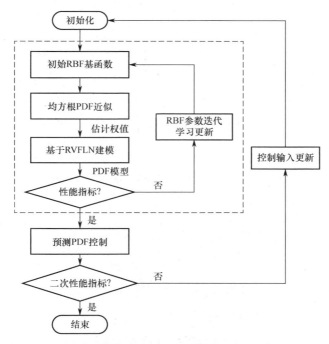

图 4.2　基于数据驱动预测 PDF 控制的非高斯工业过程随机分布控制方法

　　基于数据驱动预测 PDF 控制的非高斯工业过程随机分布控制的操作步骤如下。

　　（1）选择一组初始的 RBF 基函数中心值和宽度，以及迭代学习参数 $\boldsymbol{\alpha}_{\mu}$ 和 $\boldsymbol{\beta}_{\sigma}$。

　　（2）通过式（3.10）计算与实际输出 PDF 相对应的初始权值向量。

　　（3）利用 4.2.2 节所述数据驱动 RVFLN 构建初始权值向量的非线性动态模型；同时，基于式（3.15）所示的性能指标函数，采用式（3.16）所示的学习律对 RBF 基函数参数进行迭代更新。

（4）当式（4.1）中所示的动态输出 PDF 模型满足收敛条件时，终止迭代学习过程；否则，重复步骤（2）～步骤（4）。

（5）基于构建的动态输出 PDF 模型，利用 SQP 算法求解式（4.13）所示带约束的优化问题，并将获得的最优控制序列 $\boldsymbol{u}_p(k)=[\boldsymbol{u}(k),\boldsymbol{u}(k+1),\cdots,$ $\boldsymbol{u}(k+N_p-1)]^T$ 的第一个元素 $\boldsymbol{u}(k)$ 应用于工业过程。

4.4　稳定性分析

从 4.3 节可以看出，将最优控制设计问题转化为求解式（4.13）所示的带约束的最优化问题。本节主要分析在所提控制方法下系统的稳定性。

首先，模型预测输出 PDF 在反馈校正后与期望输出 PDF 之间的误差可以采用如下向量形式表示：

$$e_p(y,k)=\boldsymbol{\Pi}_1^T[\boldsymbol{V}_d(k)-\boldsymbol{V}_e(k)]+\boldsymbol{\Pi}_2^T[h(\boldsymbol{V}_d(k))-h(\boldsymbol{V}_e(k))]-$$
$$\boldsymbol{\beta}[\boldsymbol{\Pi}_1^T(\boldsymbol{V}(k)-\boldsymbol{V}_e(k))+\boldsymbol{\Pi}_2^T(h(\boldsymbol{V}(k))-h(\boldsymbol{V}_e(k)))] \quad（4.14）$$

式中：

$$\boldsymbol{V}_d(k)=[\boldsymbol{V}_g(k+1),\boldsymbol{V}_g(k+2),\cdots,\boldsymbol{V}_g(k+N_p)]^T$$
$$\boldsymbol{V}_e(k)=[\boldsymbol{V}_m(k+1),\boldsymbol{V}_m(k+2),\cdots,\boldsymbol{V}_m(k+N_p)]^T$$
$$\boldsymbol{\Pi}_1=[\boldsymbol{C}_0(y),\boldsymbol{C}_0(y),\cdots,\boldsymbol{C}_0(y)]^T$$
$$\boldsymbol{\Pi}_2=[\boldsymbol{R}_n(y),\boldsymbol{R}_n(y),\cdots,\boldsymbol{R}_n(y)]^T$$
$$\boldsymbol{\beta}=\mathrm{diag}[\beta_1,\beta_2,\cdots,\beta_{N_p}]$$

此时，式（4.14）所示性能指标可采用如下向量形式表示：

$$J(\boldsymbol{u}_p(k))=\boldsymbol{E}_p^T(k)\boldsymbol{E}_p(k)+\boldsymbol{u}_p^T(k)\rho_k\boldsymbol{u}_p(k) \quad（4.15）$$

式中：

$$\boldsymbol{E}_p(k)=\boldsymbol{\Pi}_{11}^T[\boldsymbol{V}_d(k)-\boldsymbol{V}_e(k)]+\boldsymbol{\Pi}_{12}^T[h(\boldsymbol{V}_d(k))-h(\boldsymbol{V}_e(k))]-\boldsymbol{\beta}\boldsymbol{O}_k$$
$$\boldsymbol{u}_p(k)=[\boldsymbol{u}(k),\boldsymbol{u}(k+1),\cdots,\boldsymbol{u}(k+N_p-1)]^T$$

其中：

$$\boldsymbol{O}_k=\boldsymbol{\Sigma}_1(\boldsymbol{V}(k)-\boldsymbol{V}_e(k))+\boldsymbol{\Sigma}_2(h(\boldsymbol{V}(k))-h(\boldsymbol{V}_e(k)))$$
$$\boldsymbol{\Pi}_{11}=[\boldsymbol{\Sigma}_{11},\boldsymbol{\Sigma}_{11},\cdots,\boldsymbol{\Sigma}_{11}]^T$$
$$\boldsymbol{\Pi}_{12}=[\boldsymbol{\Sigma}_{12},\boldsymbol{\Sigma}_{12},\cdots,\boldsymbol{\Sigma}_{12}]^T$$

$$\boldsymbol{\Sigma}_{11} = \int_a^b \boldsymbol{C}_0(y)\mathrm{d}y$$

$$\boldsymbol{\Sigma}_{12} = \int_a^b R_n(y)\mathrm{d}y$$

其次，为了得到最优控制律，令 $\boldsymbol{u}_p(k)=\boldsymbol{u}_p(k-1)+\Delta\boldsymbol{u}_p(k)$，则 $\psi_k = \boldsymbol{E}_p^{\mathrm{T}}(k)\boldsymbol{E}_p(k)$ 关于 $\Delta\boldsymbol{u}_p(k)$ 的泰勒近似为

$$\psi_k \approx \psi_{k0} + \psi_{k_1}\Delta\boldsymbol{u}_p^{\mathrm{T}}(k) + \frac{1}{2}\Delta\boldsymbol{u}_p^{\mathrm{T}}(k)\psi_{k_2}\Delta\boldsymbol{u}_p^{\mathrm{T}}(k) \qquad (4.16)$$

式中：

$$\psi_{k_0} = \psi_k \big|_{\boldsymbol{u}_p(k)=\boldsymbol{u}_p(k-1)}$$

$$\psi_{k_1} = \frac{\partial\psi_k}{\partial\boldsymbol{u}_p(k)}\big|_{\boldsymbol{u}_p(k)=\boldsymbol{u}_p(k-1)} = 2\frac{\partial\boldsymbol{E}_p^{\mathrm{T}}(k)}{\partial\boldsymbol{u}_p(k)}\boldsymbol{E}_p(k)\big|_{\boldsymbol{u}_p(k)=\boldsymbol{u}_p(k-1)}$$

$$\psi_{k_2} = \frac{\partial^2\psi_k}{\partial\boldsymbol{u}_p(k)\partial\boldsymbol{u}_p^{\mathrm{T}}(k)}\big|_{\boldsymbol{u}_p(k)=\boldsymbol{u}_p(k-1)}$$

$$= 2\frac{\partial^2\boldsymbol{E}_p^{\mathrm{T}}(k)}{\partial\boldsymbol{u}_p(k)\partial\boldsymbol{u}_p^{\mathrm{T}}(k)}\boldsymbol{E}_p(k) + 2\frac{\partial\boldsymbol{E}_p^{\mathrm{T}}(k)}{\partial\boldsymbol{u}_p(k)}\frac{\partial\boldsymbol{E}_p^{\mathrm{T}}(k)}{\partial\boldsymbol{u}_p^{\mathrm{T}}(k)}\big|_{\boldsymbol{u}_p(k)=\boldsymbol{u}_p(k-1)}$$

基于 Bellman 最优化准则[33,34]，令 $\dfrac{\partial J(\boldsymbol{u}_p(k))}{\partial\boldsymbol{u}_p(k)}=0$，可得如下局部最优控制律：

$$\Delta\boldsymbol{u}_p(k) = -(\psi_{k_2}+2\boldsymbol{\rho}_k)^{-1}(\psi_{k_1}+2\boldsymbol{\rho}_k\boldsymbol{u}_p(k-1)) \qquad (4.17)$$

可以看出，式（4.17）只是保证控制律存在的必要条件，为了保证其存在的充分性，式（4.17）所示的性能指标的二阶导数应该满足如下条件：

$$\frac{\partial^2 J(\boldsymbol{u}_p(k))}{\partial\boldsymbol{u}_p(k)\partial\boldsymbol{u}_p^{\mathrm{T}}(k)} = \psi_{k_2}+2\boldsymbol{\rho}_k > 0 \qquad (4.18)$$

可以看出，式（4.17）所示的控制律由梯度算法得来，结合式（4.1）所示权值向量动态模型可得到一个非线性闭环系统。一般来说，对具有非线性动态的随机系统进行稳定性分析是相对困难的。下面研究改进的次优控制律，其可以保证线性化闭环系统的稳定性。假设式（4.1）所示权值向量的非线性动态模型可线性化为

$$\begin{aligned} \boldsymbol{V}_d(k+1) - \boldsymbol{V}_e(k+1) &= f(\boldsymbol{V}_d(k),r(k)) - f(\boldsymbol{V}_e(k),\boldsymbol{u}_p(k)) \\ &= \boldsymbol{A}_k(\boldsymbol{V}_d(k)-\boldsymbol{V}_e(k)) + \boldsymbol{B}_k(r(k)-\boldsymbol{u}_p(k)) + \\ &\quad (\delta(\boldsymbol{V}_d(k)) - \delta(\boldsymbol{V}_e(k))) \end{aligned} \qquad (4.19)$$

式中：

$$A_k = \frac{\partial f(V_d(k), \boldsymbol{u}_p(k))}{\partial V_d(k)} \Big|_{V_d(k)=V_e(k), \boldsymbol{u}_p(k)=\boldsymbol{r}(k)}$$

$$B_k = \frac{\partial f(V_e(k), \boldsymbol{u}_p(k))}{\partial \boldsymbol{u}_p(k)} \Big|_{V_d(k)=V_e(k), \boldsymbol{u}_p(k)=\boldsymbol{r}(k)}$$

其中，$\boldsymbol{r}(k)$ 为参考输入；$\delta(V_d(k))$ 为在参考点的线性化误差。此时，式（4.19）可表示为

$$\Delta V(k+1) = A_k \Delta V(k) + B_k \Delta \boldsymbol{u}_p(k) + \Delta \boldsymbol{\delta}(k) \tag{4.20}$$

式中，$\Delta \boldsymbol{u}_p(k) = \boldsymbol{r}(k) - \boldsymbol{u}_p(k)$；$\Delta \boldsymbol{\delta}(k) = \delta(V_d(k)) - \delta(V_e(k))$。

基于 SDC 理论可知，式（4.1）所示的权值向量是有界的，在这种情况下，式（4.20）所示的动态非线性模型的线性化误差可以被看作有界非线性项和不确定性项。本章假设非线性函数 $\delta(\cdot)$ 和 $h(\cdot)$ 对于权值向量 V_1 和 V_2 满足如下 Lipschitz 条件：

$$\begin{aligned}\|h(V_1) - h(V_2)\| &\leqslant \|H_1(V_1 - V_2)\| \\ \|\delta(V_1) - \delta(V_2)\| &\leqslant \|H_2(V_1 - V_2)\|\end{aligned} \tag{4.21}$$

式中，H_1 和 H_2 均为已知的矩阵。

引理 4.1　假设 $\hat{\boldsymbol{E}}$ 和 $\hat{\boldsymbol{F}}$ 为适当维数的常数矩阵，则存在 $\bar{\lambda} > 0$，$\bar{\lambda} \in \mathbf{R}$，使得下式成立：

$$\hat{\boldsymbol{E}}\hat{\boldsymbol{F}} + (\hat{\boldsymbol{E}}\hat{\boldsymbol{F}})^{\mathrm{T}} \leqslant \bar{\lambda}^{-1}\hat{\boldsymbol{E}}\hat{\boldsymbol{E}}^{\mathrm{T}} + \bar{\lambda}\hat{\boldsymbol{F}}^{\mathrm{T}}\hat{\boldsymbol{F}} \tag{4.22}$$

引理 4.2　对于式（4.20）所示系统，在采样时刻 k，下面的两项表述成立。

（1）对于给定的正定矩阵 $\boldsymbol{Q}_k$ 和可逆矩阵 $\boldsymbol{S}_k$，如下线性矩阵不等式可解：

$$\begin{bmatrix} -\boldsymbol{Q}_k + \bar{\lambda}\boldsymbol{I} & A_k\boldsymbol{Q}_k + B_k\boldsymbol{S}_k & 0 & 0 \\ \boldsymbol{Q}_k A_k^{\mathrm{T}} + \boldsymbol{S}_k^{\mathrm{T}} B_k^{\mathrm{T}} & -\boldsymbol{Q}_k & \boldsymbol{Q}_k \tilde{\boldsymbol{B}}_k^{\mathrm{T}} H_1^{\mathrm{T}} & \boldsymbol{Q}_k H_2^{\mathrm{T}} \\ 0 & H_1 \tilde{\boldsymbol{B}}_k \boldsymbol{Q}_k & -\bar{\lambda}_1 \boldsymbol{I} & 0 \\ 0 & H_2 \boldsymbol{Q}_k & 0 & -\bar{\lambda}_2 \boldsymbol{I} \end{bmatrix} < 0 \tag{4.23}$$

（2）对于给定的矩阵 $\boldsymbol{\Lambda}_{k1}$、$\boldsymbol{\Lambda}_{k2}$，存在正定矩阵 $\boldsymbol{Q}_k$、$\boldsymbol{W}_k$ 和可逆矩阵 $\boldsymbol{S}_k$，使得下面的矩阵不等式成立：

$$\begin{bmatrix} -\boldsymbol{Q}_k + \bar{\lambda}\boldsymbol{I} & \boldsymbol{M}_k & 0 & 0 \\ \boldsymbol{M}_k^{\mathrm{T}} & -\boldsymbol{Q}_k & \boldsymbol{Q}_k \tilde{\boldsymbol{B}}_k^{\mathrm{T}} H_1^{\mathrm{T}} & \boldsymbol{Q}_k H_2^{\mathrm{T}} \\ 0 & H_1 \tilde{\boldsymbol{B}}_k \boldsymbol{Q}_k & -\bar{\lambda}_1 \boldsymbol{I} & 0 \\ 0 & H_2 \boldsymbol{Q}_k & 0 & -\bar{\lambda}_2 \boldsymbol{I} \end{bmatrix} < 0 \tag{4.24}$$

式中，$M_k = A_k Q_k + B_k S_k \Pi_{11} + B_k W_k$；$\overline{\lambda} = \overline{\lambda}_1 + \overline{\lambda}_2$。如果满足式（4.23）和式（4.24），则存在可镇定输出反馈控制律 $\Delta u_p(k) = S_k Q_k^{-1} \int_a^b \Delta \Gamma(y, u(k)) \mathrm{d}y$。

证明：假设系统输出 PDF 与期望输出 PDF 之间的误差可以表示为

$$
\begin{aligned}
\Delta \Gamma(y, u(k)) &= \Gamma_1(y, u(k)) - \Gamma_2(y, u(k)) \\
&= \Pi_1(V_e(k) - V_d(k)) + \Pi_2(h(V_e(k)) - h(V_d(k))) \\
&= \Pi_1 \Delta V(k) + \Pi_2 \Delta \varpi(k)
\end{aligned}
\tag{4.25}
$$

式中：

$$
\Gamma_1(y, u(k)) = \left[\sqrt{\gamma_g(y, u(k))}, \sqrt{\gamma_g(y, u(k))}, \cdots, \sqrt{\gamma_g(y, u(k))} \right]^{\mathrm{T}}
$$

$$
\Gamma_2(y, u(k)) = \left[\sqrt{\gamma_m(y, u(k))}, \sqrt{\gamma_m(y, u(k))}, \cdots, \sqrt{\gamma_m(y, u(k))} \right]^{\mathrm{T}}
$$

此时，可镇定输出反馈控制律为

$$
\begin{aligned}
\Delta u_p(k) &= C_k \int_a^b \Delta \Gamma(y, u(k)) \mathrm{d}y \\
&= C_k \Pi_{11} \Delta V(k) + C_k \Pi_{12} \Delta \varpi(k)
\end{aligned}
\tag{4.26}
$$

然后，将式（4.26）代入式（4.20），可以得到如下闭环系统：

$$
\Delta V(k+1) = \tilde{A}_k \Delta V(k) + \tilde{B}_k \Delta \varpi(k) + \Delta \delta(k)
\tag{4.27}
$$

式中，$\tilde{A}_k = A_k + B_k C_k \Pi_{11}$；$\tilde{B}_k = B_k C_k \Pi_{12}$。

针对式（4.27）所示的闭环系统，考虑如下 Lyapunov 函数：

$$
\vartheta(k) = \Delta V^{\mathrm{T}}(k) P_k \Delta V(k)
\tag{4.28}
$$

式中，$P_k = P_k^{\mathrm{T}} > 0$。此时，可以得到

$$
\begin{aligned}
\Delta \vartheta(k+1) &= \vartheta(k+1) - \vartheta(k) \\
&= D^{\mathrm{T}}(k) P_k D(k) - \Delta V^{\mathrm{T}}(k) P_k \Delta V(k) \\
&= -D^{\mathrm{T}}(k) P_k D(k) - \Delta V^{\mathrm{T}}(k) P_k \Delta V(k) + \\
&\quad D^{\mathrm{T}}(k) P_k \tilde{A}_k \Delta V(k) + D^{\mathrm{T}}(k) P_k (\tilde{B}_k \Delta \varpi(k) + \Delta \delta(k)) + \\
&\quad \Delta V^{\mathrm{T}}(k) \tilde{A}_k^{\mathrm{T}} P_k D(k) + (\tilde{B}_k \Delta \varpi(k) + \Delta \delta(k))^{\mathrm{T}} P_k D(k)
\end{aligned}
\tag{4.29}
$$

式中，$D(k) = \tilde{A}_k \Delta V(k) + \tilde{B}_k \Delta \varpi(k) + \Delta \delta(k)$。

其中：

$$
\begin{aligned}
&D^{\mathrm{T}}(k) P_k (\tilde{B}_k \Delta \varpi(k) + \delta(k)) + (\tilde{B}_k \Delta \varpi(k) + \delta(k))^{\mathrm{T}} P_k D(k) \\
&= (P_k D(k))^{\mathrm{T}} (\tilde{B}_k \Delta \varpi(k) + \delta(k)) + (\tilde{B}_k \Delta \varpi(k) + \delta(k))^{\mathrm{T}} (P_k D(k))
\end{aligned}
\tag{4.30}
$$

根据引理 4.1，可以得到

$$\boldsymbol{D}^{\mathrm{T}}(k)\boldsymbol{P}_k(\tilde{\boldsymbol{B}}_k\Delta\varpi(k)+\boldsymbol{\delta}(k))+(\tilde{\boldsymbol{B}}_k\Delta\varpi(k)+\boldsymbol{\delta}(k))^{\mathrm{T}}\boldsymbol{P}_k\boldsymbol{D}(k)$$

$$=(\boldsymbol{P}_k\boldsymbol{D}(k))^{\mathrm{T}}\tilde{\boldsymbol{B}}_k\Delta\varpi(k)+(\boldsymbol{P}_k\boldsymbol{D}(k))^{\mathrm{T}}\Delta\boldsymbol{\delta}(k)+$$
$$(\tilde{\boldsymbol{B}}_k\Delta\varpi(k))^{\mathrm{T}}(\boldsymbol{P}_k\boldsymbol{D}(k))+\Delta\boldsymbol{\delta}^{\mathrm{T}}(k)(\boldsymbol{P}_k\boldsymbol{D}(k))$$

$$\leqslant\bar{\lambda}_1^{-1}(\tilde{\boldsymbol{B}}_k\Delta\varpi(k))^{\mathrm{T}}(\tilde{\boldsymbol{B}}_k\Delta\varpi(k))+(\bar{\lambda}_1+\bar{\lambda}_2)\boldsymbol{D}^{\mathrm{T}}(k)\boldsymbol{P}_k^2\boldsymbol{D}(k)+$$
$$\bar{\lambda}_2^{-1}\Delta\boldsymbol{\delta}^{\mathrm{T}}(k)\Delta\boldsymbol{\delta}(k) \tag{4.31}$$

$$\leqslant\bar{\lambda}_1^{-1}\Delta\boldsymbol{V}^{\mathrm{T}}(k)\boldsymbol{H}_1^{\mathrm{T}}\tilde{\boldsymbol{B}}_k^{\mathrm{T}}\tilde{\boldsymbol{B}}_k\boldsymbol{H}_1\Delta\boldsymbol{V}(k)+(\bar{\lambda}_1+\bar{\lambda}_2)\boldsymbol{D}^{\mathrm{T}}(k)\boldsymbol{P}_k^2\boldsymbol{D}(k)+$$
$$\bar{\lambda}_2^{-1}\Delta\boldsymbol{V}^{\mathrm{T}}(k)\boldsymbol{H}_2^{\mathrm{T}}\boldsymbol{H}_2\Delta\boldsymbol{V}(k)$$

$$=\Delta\boldsymbol{V}^{\mathrm{T}}(k)(\bar{\lambda}_1^{-1}\boldsymbol{H}_1^{\mathrm{T}}\tilde{\boldsymbol{B}}_k^{\mathrm{T}}\tilde{\boldsymbol{B}}_k\boldsymbol{H}_1+\bar{\lambda}_2^{-1}\boldsymbol{H}_2^{\mathrm{T}}\boldsymbol{H}_2)\Delta\boldsymbol{V}(k)+$$
$$(\bar{\lambda}_1+\bar{\lambda}_2)\boldsymbol{D}^{\mathrm{T}}(k)\boldsymbol{P}_k^2\boldsymbol{D}(k)$$

此时：

$$\Delta\vartheta(k+1)$$
$$\leqslant\boldsymbol{D}^{\mathrm{T}}(k)(-\boldsymbol{P}_k+(\bar{\lambda}_1+\bar{\lambda}_2)\boldsymbol{P}_k^2)\boldsymbol{D}(k)$$
$$+\Delta\boldsymbol{V}^{\mathrm{T}}(k)(-\boldsymbol{P}_k+\hat{\boldsymbol{D}}(k))\Delta\boldsymbol{V}(k)$$
$$+\boldsymbol{D}^{\mathrm{T}}(k)\boldsymbol{P}_k\tilde{\boldsymbol{A}}_k\Delta\boldsymbol{V}(k)+\Delta\boldsymbol{V}^{\mathrm{T}}(k)\tilde{\boldsymbol{A}}_k^{\mathrm{T}}\boldsymbol{P}_k\boldsymbol{D}(k) \tag{4.32}$$
$$=\begin{pmatrix}\boldsymbol{P}_k\boldsymbol{D}(k)\\\boldsymbol{P}_k\Delta\boldsymbol{V}(k)\end{pmatrix}^{\mathrm{T}}\boldsymbol{\Omega}\begin{pmatrix}\boldsymbol{P}_k\boldsymbol{D}(k)\\\boldsymbol{P}_k\Delta\boldsymbol{V}(k)\end{pmatrix}$$
$$=\begin{pmatrix}\boldsymbol{P}_k\boldsymbol{D}(k)\\\boldsymbol{P}_k\Delta\boldsymbol{V}(k)\end{pmatrix}^{\mathrm{T}}\begin{bmatrix}-\boldsymbol{P}_k^{-1}+\bar{\lambda}\boldsymbol{I}&\tilde{\boldsymbol{A}}_k\boldsymbol{P}_k^{-1}\\\boldsymbol{P}_k^{-1}\tilde{\boldsymbol{A}}_k^{\mathrm{T}}&-\boldsymbol{P}_k^{-1}+\boldsymbol{P}_k^{-1}\hat{\boldsymbol{D}}(k)\boldsymbol{P}_k^{-1}\end{bmatrix}\begin{pmatrix}\boldsymbol{P}_k\boldsymbol{D}(k)\\\boldsymbol{P}_k\Delta\boldsymbol{V}(k)\end{pmatrix}$$

式中，$\bar{\lambda}=\bar{\lambda}_1+\bar{\lambda}_2$；$\hat{\boldsymbol{D}}(k)=\bar{\lambda}_1^{-1}\boldsymbol{H}_1^{\mathrm{T}}\tilde{\boldsymbol{B}}_k^{\mathrm{T}}\tilde{\boldsymbol{B}}_k\boldsymbol{H}_1+\bar{\lambda}_2^{-1}\boldsymbol{H}_2^{\mathrm{T}}\boldsymbol{H}_2$；

$$\boldsymbol{\Omega}=\begin{bmatrix}-\boldsymbol{P}_k^{-1}+\bar{\lambda}\boldsymbol{I}&\tilde{\boldsymbol{A}}_k\boldsymbol{P}_k^{-1}\\\tilde{\boldsymbol{A}}_k\boldsymbol{P}_k^{-1}&-\boldsymbol{P}_k^{-1}+\boldsymbol{P}_k^{-1}(\bar{\lambda}_1^{-1}\boldsymbol{H}_1^{\mathrm{T}}\tilde{\boldsymbol{B}}_k^{\mathrm{T}}\tilde{\boldsymbol{B}}_k\boldsymbol{H}_1+\bar{\lambda}_2^{-1}\boldsymbol{H}_2^{\mathrm{T}}\boldsymbol{H}_2)\boldsymbol{P}_k^{-1}\end{bmatrix}$$

可以看出，当满足条件 $\boldsymbol{\Omega}<0$ 时，$\Delta\vartheta(k+1)<0$。此外，利用 Schur 补引理，式（4.32）可以简化为

$$\begin{bmatrix}-\boldsymbol{P}_k^{-1}+\bar{\lambda}\boldsymbol{I}&\tilde{\boldsymbol{A}}_k\boldsymbol{P}_k^{-1}&0&0\\\boldsymbol{P}_k^{-1}\tilde{\boldsymbol{A}}_k^{\mathrm{T}}&-\boldsymbol{P}_k^{-1}&\boldsymbol{P}_k^{-1}\tilde{\boldsymbol{B}}_k^{\mathrm{T}}\boldsymbol{H}_1^{\mathrm{T}}&\boldsymbol{P}_k^{-1}\boldsymbol{H}_2^{\mathrm{T}}\\0&\boldsymbol{H}_1\tilde{\boldsymbol{B}}_k\boldsymbol{P}_k^{-1}&-\bar{\lambda}_1\boldsymbol{I}&0\\0&\boldsymbol{H}_2\boldsymbol{P}_k^{-1}&0&-\bar{\lambda}_2\boldsymbol{I}\end{bmatrix}<0 \tag{4.33}$$

令 $\boldsymbol{Q}_k=\boldsymbol{P}_k^{-1}$，$\boldsymbol{S}_k=\boldsymbol{C}_k\boldsymbol{\Pi}_{11}\boldsymbol{P}_k^{-1}$，$\tilde{\boldsymbol{A}}_k=\boldsymbol{A}_k+\boldsymbol{B}_k\boldsymbol{C}_k\boldsymbol{\Pi}_{11}$，式（4.23）成立。

假设式（4.20）所示系统输出控制律为 $\Delta\boldsymbol{u}_p(k)=\boldsymbol{C}_k\int_a^b\Delta\boldsymbol{\Gamma}(y,\boldsymbol{u}(k))\mathrm{d}y+\Delta\boldsymbol{u}^*(k)$，其中，$\boldsymbol{C}_k$ 可由引理 4.1 求得。

定理 4.1　对于式（4.27）所示闭环系统，在任何采样时刻 k，如果选择 $\boldsymbol{\rho}_k = -\dfrac{1}{2}((\boldsymbol{W}_k \boldsymbol{Q}_k^{-1} \boldsymbol{\Lambda}_{k_2}^{-1})^{-1} + \boldsymbol{\Lambda}_{k_1})$，可通过式（4.23）和式（4.24）计算 $\boldsymbol{W}_k$ 和 $\boldsymbol{Q}_k$，那么闭环系统是稳定的，且 $\Delta \boldsymbol{u}^*(k) = -(\boldsymbol{\Lambda}_{k_1} + 2\boldsymbol{\rho}_k)^{-1}(\boldsymbol{\Lambda}_{k_2}\Delta \boldsymbol{V}(k) + \boldsymbol{\alpha}_{k_1} + \boldsymbol{\rho}_k \Delta \boldsymbol{u}_p(k-1))$，其中，$\Delta \boldsymbol{u}_p(k) = C_k \displaystyle\int_a^b \Delta \boldsymbol{\Gamma}(y, \boldsymbol{u}(k))\, \mathrm{d}y + \Delta \boldsymbol{u}^*(k)$ 为输出 PDF 的镇定控制律。

此外，式（4.23）表明，对于任意给定的 $\boldsymbol{B}_k$ 总是存在正定矩阵 $\boldsymbol{W}_k$，使得式（4.24）成立。理论上可以令 $\boldsymbol{W}_k = \bar{\varepsilon}_k \boldsymbol{I}$，其中 $\bar{\varepsilon}_k$ 是一个充分小的正常数。现在，假设式（4.27）的跟踪控制律为 $\Delta \boldsymbol{u}_p(k) = C_k \displaystyle\int_a^b \Delta \boldsymbol{\Gamma}(y, \boldsymbol{u}(k))\, \mathrm{d}y + \Delta \boldsymbol{u}^*(k)$，其中 C_k 可由引理 4.1 求得。

证明：从式（4.15）可以看出，ψ_k 为 $\Delta \boldsymbol{u}_p(k)$、$\boldsymbol{u}_p(k-1)$ 和 $\Delta \boldsymbol{V}(k)$ 的非线性函数，考虑如下泰勒展开式：

$$
\begin{aligned}
\psi_k \approx \alpha_{k_0} &+ \boldsymbol{\alpha}_{k_1}^{\mathrm{T}} \Delta \boldsymbol{u}_p(k) + \boldsymbol{\alpha}_{k_2}^{\mathrm{T}} \Delta \boldsymbol{V}(k) + \frac{1}{2}\Delta \boldsymbol{u}_p^{\mathrm{T}}(k) \boldsymbol{\Lambda}_{k_1} \Delta \boldsymbol{u}_p(k) \\
&+ \Delta \boldsymbol{u}_p^{\mathrm{T}}(k) \boldsymbol{\Lambda}_{k_2} \Delta \boldsymbol{V}(k) + \frac{1}{2}\Delta \boldsymbol{V}^{\mathrm{T}}(k) \boldsymbol{\Lambda}_{k_3} \Delta \boldsymbol{V}(k)
\end{aligned} \tag{4.34}
$$

式中：

$$
\alpha_{k0} = \psi_k|_{k-1}, \quad \boldsymbol{\alpha}_{k_1} = \frac{\partial \psi_k}{\partial \boldsymbol{u}_p(k)}\Big|_{k-1}, \quad \boldsymbol{\alpha}_{k_2} = \frac{\partial \psi_k}{\partial \Delta \boldsymbol{V}(k)}\Big|_{k-1}
$$

$$
\boldsymbol{\Lambda}_{k_1} = \frac{\partial^2 \psi_k}{\partial \boldsymbol{u}_p(k)\partial \boldsymbol{u}_p^{\mathrm{T}}(k)}\Big|_{k-1}, \quad \boldsymbol{\Lambda}_{k_2} = \frac{\partial^2 \psi_k}{\partial \boldsymbol{u}_p(k)\partial \Delta \boldsymbol{V}^{\mathrm{T}}(k)}\Big|_{k-1}, \quad \boldsymbol{\Lambda}_{k_3} = \frac{\partial^2 \psi_k}{\partial \Delta \boldsymbol{V}(k)\partial \Delta \boldsymbol{V}^{\mathrm{T}}(k)}\Big|_{k-1}
$$

将式（4.34）代入 $\dfrac{\partial J(\boldsymbol{u}_p(k))}{\partial \boldsymbol{u}_p(k)} = 0$ 可得

$$
\Delta \boldsymbol{u}^*(k) = -(\boldsymbol{\Lambda}_{k_1} + 2\boldsymbol{\rho}_k)^{-1}(\boldsymbol{\Lambda}_{k_2}\Delta \boldsymbol{V}(k) + \boldsymbol{\alpha}_{k_1} + 2\boldsymbol{\rho}_k \boldsymbol{u}_p(k-1)) \tag{4.35}
$$

此时，将式（4.35）代入式（4.27）可得

$$
\Delta \boldsymbol{V}(k+1) = \boldsymbol{D}_k \Delta \boldsymbol{V}(k) + \tilde{\boldsymbol{B}}_k \Delta \boldsymbol{\varpi}(k) + \tilde{\boldsymbol{\rho}}_k \tag{4.36}
$$

式中：

$$
\boldsymbol{D}_k = \boldsymbol{A}_k + \boldsymbol{B}_k \boldsymbol{C}_k \boldsymbol{\Pi}_{11} - \boldsymbol{B}_k(\boldsymbol{\Lambda}_{k1} + 2\boldsymbol{\rho}_k)^{-1}\boldsymbol{\Lambda}_{k2}
$$

$$
\tilde{\boldsymbol{B}}_k = \boldsymbol{B}_k \boldsymbol{C}_k \boldsymbol{\Pi}_{12}
$$

$$
\tilde{\boldsymbol{\rho}}_k = -\boldsymbol{B}_k(\boldsymbol{\Lambda}_{k_1} + 2\boldsymbol{\rho}_k)^{-1}\ (\boldsymbol{\alpha}_{k_1} + 2\boldsymbol{\rho}_k \boldsymbol{u}_p(k-1)) + \Delta \boldsymbol{\delta}(k)
$$

此时 $\tilde{\boldsymbol{\rho}}_k$ 可以看作附加的有界输入。与引理 4.1 的证明结果类似，式（4.36）

所示系统的稳定性取决于 $\boldsymbol{D}_k = \boldsymbol{A}_k + \boldsymbol{B}_k \boldsymbol{C}_k \boldsymbol{\Pi}_{11} - \boldsymbol{B}_k (\boldsymbol{\Lambda}_{k_1} + 2\boldsymbol{\rho}_k)^{-1} \boldsymbol{\Lambda}_{k_2}$。因此，通过合理选择 $\boldsymbol{\rho}_k$，使得 $\boldsymbol{W}_k = -(\boldsymbol{\Lambda}_{k_1} + 2\boldsymbol{\rho}_k)^{-1} \boldsymbol{\Lambda}_{k_2} \boldsymbol{Q}_k$ 成立。引理 4.1 可以保证式（4.36）所示的闭环系统是稳定的。

4.5 仿真实验

为了验证本章所提方法的有效性，与 3.5 节类似，以造纸制浆过程为研究对象，选择磨盘间隙、稀释水流量及纤维长度分布形状的 PDF 磨浆生产数据，开展基于数据的仿真实验。首先，利用本章所述的 RVFLN 建立权值向量的非线性动态模型及基于迭代学习更新的 RBF 基函数参数整定方法，获得输出纤维长度分布形状的 PDF 动态模型；其次，在构建的输出 PDF 模型的基础上，验证制浆过程输出纤维长度分布形状控制效果。

4.5.1 输出 PDF 建模效果

为了建立造纸制浆过程输出纤维长度分布形状动态模型，这里选择一个具有四组高斯基函数的 RBF 神经网络来逼近输出纤维长度分布形状。根据第 3 章所述 RBF 基函数参数迭代学习整定方法，假设初始的 RBF 基函数的中心值分别为 $\mu_1 = 0.30$，$\mu_2 = 0.70$，$\mu_3 = 1.10$，$\mu_4 = 1.40$，宽度分别为 $\sigma_1^2 = \sigma_2^2 = \sigma_3^2 = \sigma_4^2 = 0.06$，中心值和宽度的学习率分别为 $\zeta_\mu = 0.06$，$\zeta_\sigma = 0.01$。

首先，根据初始的 RBF 基函数，可通过式（3.10）获得实际输出 PDF 相对应的权值向量；其次，采用 RVFLN 建立表征控制输入与估计权值向量之间关系的动态模型，这时权值向量的模型输出乘以初始 RBF 基函数便可获得模型输出 PDF。根据模型输出 PDF 与实际输出 PDF 之间的误差，对 RBF 基函数参数进行迭代学习更新，直到获得满意的建模效果。经过 10 次迭代更新后，RBF 基函数的中心值分别为 $\mu_1 = 0.382$，$\mu_2 = 0.684$，$\mu_3 = 1.069$，$\mu_4 = 1.45$，宽度分别为 $\sigma_1^2 = 0.055$，$\sigma_2^2 = 0.121$，$\sigma_3^2 = 0.084$，$\sigma_4^2 = 0.047$。此外，RBF 基函数中心值和宽度的变化趋势分别如图 4.3 和图 4.4 所示。由图 4.3 和图 4.4 可以看出，随着迭代次数 i 的增加，RBF 基函数中心值和宽度变化逐渐趋于稳定。在第 5 次迭代和第 10 次迭代后，RBF 基函数的位置变化趋势如图 4.5 所示。由图 4.5 可以明显看出，随着迭代学习次数 i 的增加，RBF 基函数的位置由初始位置逐渐向理想位置移动。图 4.6 说明了总建模误差的性能指标函数变化趋势，这意味着随着迭代学习次数 i 的增加，纤维长度分布形状 PDF 建模误差逐渐收敛。

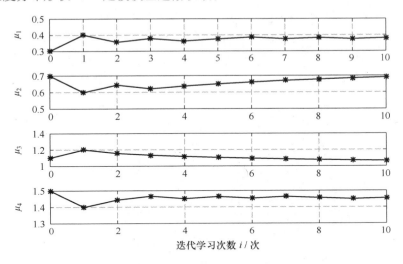

图 4.3　RBF 基函数中心值变化趋势

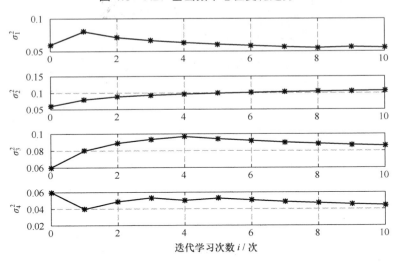

图 4.4　RBF 基函数宽度变化趋势

为了验证所提出 RBF 基函数参数迭代学习更新的必要性，这里对比在预先给定的 RBF 基函数和在基于迭代学习整定的 RBF 基函数下输出纤维长度分布形状 PDF 建模效果；假设预先给定的四个基函数的中心值分别为 $\mu_1 = 0.30$，$\mu_2 = 0.60$，$\mu_3 = 0.90$，$\mu_4 = 1.20$，宽度分别为 $\sigma_1^2 = \sigma_2^2 = \sigma_3^2 = \sigma_4^2 = 0.06$。在两种基函数下输出 PDF 建模误差分别如图 4.7 和图 4.8 所示。从两种基函数下输出 PDF 与实际输出 PDF 之间的误差可以看出，与预先给定基函数下构建的输出 PDF 模型相比，通过对 RBF 基函数参数的迭代更新，在本章所述迭代整定RBF基函数下构建的纤维长度分布形状的 PDF 模型具有较好的预测效果。

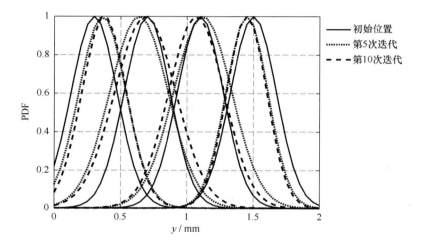

图 4.5　RBF 基函数位置变化趋势

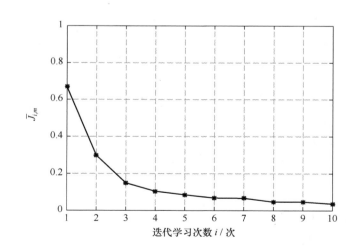

图 4.6　总建模误差的性能指标函数变化趋势

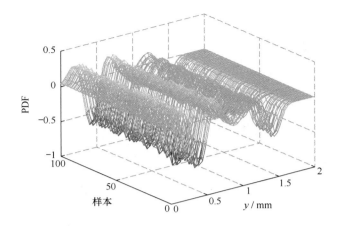

图 4.7　预先给定 RBF 基函数下输出 PDF 建模误差

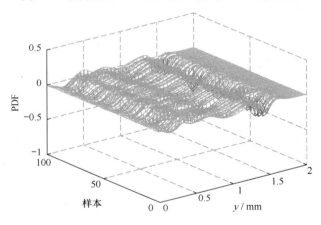

图 4.8　迭代整定 RBF 基函数下输出 PDF 建模误差

4.5.2　输出 PDF 控制效果

在上述构建的磨浆过程输出 PDF 模型的基础上，采用 SQP 算法优化式（4.13）所示的二次性能指标设计 PDF 控制器。这里选择预测长度 $N_p = 3$，权重矩阵 $\boldsymbol{W}_j^u = 0.02\boldsymbol{I}_{3\times3}$ 和反馈校正系数 $\beta_j = 0.65$。另外，根据实际磨浆生产操作要求，稀释水流量（u_1）和磨盘间隙（u_2）分别满足 $60\text{L/min} < u_1 < 80\text{L/min}$、$0.6\text{mm} < u_2 < 1.2\text{mm}$。根据专家知识且结合工艺试验后的大量纤维长度分布的 PDF 数据，可以确定期望输出 PDF 形状，采用式（3.10）对期望输出 PDF 相应的权值向量进行估计，本章期望输出 PDF 相对应的权值向量 $\boldsymbol{V}_g = [1.312\ 0.423\ 0.216]^{\text{T}}$。同时，将木片尺寸、种类和体积密度的变化作为

影响实际磨浆过程中的外部不确定干扰，为了模拟外部干扰对磨浆过程运行的影响，在控制输入中加入方差为 0.01 的白噪声干扰。另外，假设初始的权值向量为 $V_0 = [0.8\ 0.6\ 0.3]^T$，控制输入的初始值分别为 $u_1 = 71\text{L/min}$，$u_2 = 1.1\text{mm}$。

控制输入如图 4.9 所示。由图 4.9 可以看出，在本章所提方法下控制输入能够稳定在可行的操作范围内。此外，权值响应和纤维长度分布形状的 3D 输出 PDF 分别如图 4.10 和图 4.11 所示。与第 3 章采用具有线性动态的均方根 PDF 模型相比，从本章所建立的预测 PDF 模型非线性的存在可以看出，权值向量和相应的输出 PDF 控制性能受到一定的影响。同时，从图 4.12 所示的初始输出 PDF、最终输出 PDF 和期望输出 PDF 的形状可以看出，在本章所提方法下输出纤维长度分布形状的 PDF 从初始时刻逐渐接近期望输出的 PDF 趋势，最终能够实现对输出 PDF 的跟踪控制。

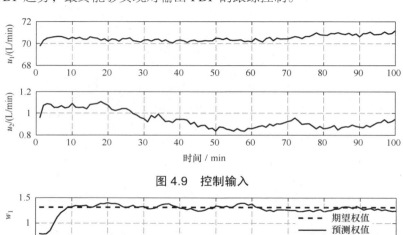

图 4.9　控制输入

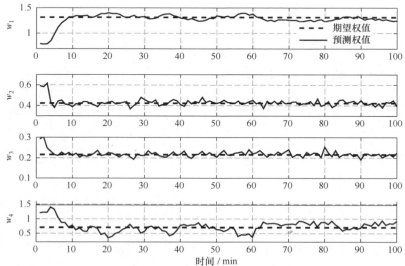

图 4.10　权值响应

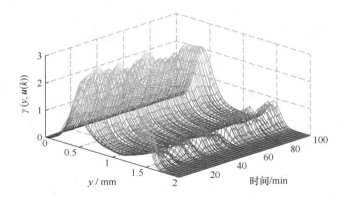

图 4.11　纤维长度分布形状的 3D 输出 PDF

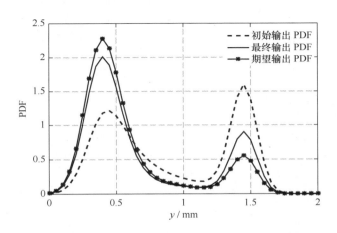

图 4.12　初始输出 PDF、最终输出 PDF 和期望输出 PDF

4.6　本章小结

　　针对具有工况时变、非线性、强耦合等复杂动态特征的非高斯工业过程，采用传统线性子空间模型描述动态输出 PDF 模型时，存在泛化能力弱、模型精度不高等问题。本章将数据驱动智能建模、预测控制与随机分布控制方法相集成，提出一种基于数据驱动预测 PDF 的非高斯工业过程随机分布控制方法。首先，为了提高纤维长度分布形状输出 PDF 模型的泛化能力和逼近精度，利用 RVFLN 智能建模方法建立权值向量的非线性动态模型。同时，与第 3 章相似，通过引入 RBF 基函数参数的迭代学习更新机制，根据输出 PDF 模型误差对 RBF 基函数参数进行迭代更新。其次，在建立的动态输出 PDF 模型的基础上，将控制器的设计转化为求解有约束的最优化问题，并且对系统在所提控制方法下进行了稳定性分析。最后，基于造纸制浆过程数据的仿真实验结果，验证本章所提方法的有效性。

参考文献

[1] WANG H, AFSHAR P. ILC-based fixed-structure controller design for output PDF shaping in stochastic systems using LMI technique[J]. IEEE Transactions on Automatic Control, 2009, 54(4):760-773.

[2] ZHOU, J L, YUE H, ZHANG J F, et al. Iterative learning double closed-loop structure for modeling and controller design of output stochastic distribution control systems[J]. IEEE Transactions on Control Systems Technology, 2014, 22(6): 2261-2276.

[3] 岳红, 王宏, 张金芳. 聚合物生产分子量分布建模与控制研究[J]. 化工自动化及仪表, 2004, 31(6):1-7.

[4] ZHANG J F, YUE H, ZHOU J L. Predictive PDF control in shaping of molecular weight distribution based on a new modeling algorithm[J]. Journal of Process Control, 2015, 30: 80-89.

[5] ZHU J Y, GUI W H, YANG C H, et al. Probability density function of bubble size based reagent dosage predictive control for copper roughing flotation[J]. Control Engineering Practice, 2014, 29(8): 1-12.

[6] ZHU J Y, GUI W H, LIU J P, et al. Combined fuzzy based feed forward and bubble size distribution based feedback control for reagent dosage in copper roughing process[J]. Journal of Process Control, 2016, 39: 50-63.

[7] WANG A P, AFSHAR P, WANG H. Complex stochastic system modeling and control via iterative machine learning[J]. Neurocomputing, 2008, 71(13-15):2685-2692.

[8] 王宏. 认识基于数据驱动的工业过程控制[J]. 控制工程, 2013, 20(2): 197-200.

[9] 侯忠生, 许建新. 数据驱动控制理论及方法的回顾和展望[J]. 自动化学报, 2009, 35(6): 650-667.

[10] 王宏, 柴天佑, 丁进良, 等. 数据驱动的故障诊断与容错控制: 进展与可能的新方向（英文）[J]. 自动化学报, 2009, 35(6): 739-747.

[11] ZHOU P, WANG H, LI M J, et al. Data-driven ALS-SVR-ARMA2K modelling with AMPSO parameter optimization for a high consistency refining system in papermaking[J]. IET Control Theory Application, 2016, 10(14): 1620-1629.

[12] ZHOU P, LV Y B, WANG H, et al. Data-driven robust RVFLNs modeling of blast furnace ironmaking process using Cauchy distribution weighted M-estimation[J]. IEEE Transactions on Industrial Electronics, 2017, 64(9): 7141-7151.

[13] ZHOU P, GUO D W, WANG H, et al. Data-driven robust M-LS-SVR-based NARX

modeling for estimation and control of molten iron quality indices in blast furnace ironmaking[J]. IEEE Transactions on Neural Networks and Learning Systems, 2018, 29(9): 4007-4021.

[14] ZHOU P, LU S W, CHAI T Y. Data-driven soft-sensor modeling for product quality estimation using case-based reasoning and fuzzy-similarity rough sets[J]. IEEE Transactions on Automation Science and Engineering, 2014, 11(4): 992-1003.

[15] ZHOU P, YUAN M, SONG H D, et al. Data-driven dynamic modeling for online prediction of molten iron quality in blast furnace using ELM with self-feedback[J]. Mathematical Problems in Engineering, 2015, 2(12): 1-11.

[16] ZHOU P, SONG H D, WANG H, et al. Data-driven nonlinear subspace modeling for prediction and control of molten iron quality Indices in blast furnace ironmaking[J]. IEEE Transactions on Control Systems Technology, 2017, 25(5): 1761-1774.

[17] ZHOU P, CHAI T Y, SUN J. Intelligence-based supervisory control for optimal operation of a DCS-controlled grinding system[J]. IEEE Transactions on Control Systems Technology, 2013, 21(1): 162-175.

[18] ZHOU P, DAI P, SONG H D, et al. Data-driven recursive subspace identification based online modelling for prediction and control of molten iron quality in blast furnace ironmaking[J]. IET Control Theory & Applications, 2017, 11(14): 2343-2351.

[19] MARKOVSKY I, RAPISARDA P. Data-driven simulation and control[J]. International Journal of Control, 2008, 81(12):1946-1959.

[20] WANG G, JIAO J F. A kernel least squares based approach for nonlinear quality-related fault detection[J]. IEEE Transactions on Industrial Electronics, 2017, 64(4): 3195-3204.

[21] ONEL M, KIESLICH C A, GUZMAN Y A, et al. Big data approach to batch process monitoring: Simultaneous fault detection and diagnosis using nonlinear support vector machine-based feature selection[J]. Computers & Chemical Engineering, 2018, 115(12):46-63.

[22] WANG G, JIAO J F, YIN S. A kernel direct decomposition-based monitoring approach for nonlinear quality-related fault detection[J]. IEEE Transactions on Industrial Informatics, 2017, 13(4): 1565-1574.

[23] SALAH B, LAIB L Y, SISSAOUI H, et al. Evaluation using online support-vector-machines and fuzzy reasoning. Application to condition monitoring of speeds rolling process[J]. Control Engineering Practice, 2010, 18(9): 1060-1068.

[24] PAO Y H, TAKEFUJI Y. Functional-link net computing[J]. IEEE Computer, 1992, 25(2): 76-79.

[25] IGELNIK B, PAO Y H. Stochastic choice of basis functions in adaptive function

approximation and the functional-link net[J]. IEEE Transactions on Neural Networks, 1995, 6(6): 1320-1329.

[26] 乔俊飞, 李凡军, 杨翠丽. 随机权神经网络研究现状与展望[J]. 智能系统学报, 2016, 11(6): 758-767.

[27] YANG Q, JAGANNATHAN S. Reinforcement learning controller design for affine nonlinear discrete-time systems using online approximators[J]. IEEE Transactions on Systems, Man, and Cybernetics, Part B (Cybernetics), 2012, 42(2): 337-390.

[28] STOSIC D, ZANCHETTIN C, LUDERMIR T, et al. QRNN: q-generalized random neural network[J]. IEEE Transactions on Neural Networks and Learning Systems, 2017, 28(2): 383-390.

[29] SCARDAPANE S, WANG D H, UNCINI A. Bayesian random vector functional-link networks for robust data modeling[J]. IEEE Transactions on Cybernetic, 2018, 48(7): 2049-2059.

[30] QIN S J, BADGWELL T A. A survey of industrial model predictive control technology[J]. Control Engineering Practice, 2003, 11(1): 733-764.

[31] WANG Y, BODY S. Fast model predictive control using online optimization[J]. IEEE Transactions on Control Systems Technology, 2010, 18(2): 267-278.

[32] MAYNE D Q. Model predictive control: Recent developments and future promise[J]. Automatica, 2014, 50(12): 2967-2986.

[33] KIRK D E. Optimal Control Theory: An Introduction[M]. Mineola, NY, USA: Dover, 2004.

[34] CRESPO L G, SUN J Q. Stochastic optimal control via Bellman's principle[J]. Automatica, 2003, 39(12): 2109-2114.

基于多目标非线性预测控制的非高斯
工业过程随机分布控制

5.1 引言

第 3 章和第 4 章主要开展以表征诸如产品质量 PDF 形状为单一控制目标的非高斯工业过程随机分布控制研究，然而，实际工业过程运行优化不仅涉及衡量产品质量的 PDF 形状控制，而且还涉及衡量纯时域产品质量、生产效率和能耗等常规纯时域内运行指标的控制[1,2]。例如，在造纸制浆过程中，当前衡量纸浆质量的指标不仅有时空特征的纤维长度分布 PDF 形状，还有衡量纸浆滤水性能的加拿大标准游离度（CSF）。提升造纸制浆过程控制质量，就涉及纤维长度分布 PDF 形状和 CSF 的多目标优化控制[3-7]。因此，为了提高非高斯工业过程的控制品质，提出面向时空域内运行指标输出 PDF 和纯时域内运行指标（如产品质量、生产效率和能耗）的非高斯工业过程多目标优化控制。

本章针对以产品质量 PDF 形状为单一控制模式难以全面实现非高斯工业过程有效控制的问题，进一步提出面向时空域内输出 PDF 和纯时域内运行指标多目标非线性预测控制的非高斯工业过程随机分布控制方法。本章将借助 4.3.1 节所述基于数据驱动 RVFLN 的建模方法构建纯时域内运行指标的混合动态预测模型，综合数据驱动控制、随机分布控制和多目标控制，在建立的混合动态预测模型的基础上，提出了一种如图 5.1 所示基于多目标非线性预测控制的非高斯工业过程随机分布控制策略。图 5.1 所示混合动态预测模型包括时空域内运行指标输出 PDF 和纯时域内运行指标的混合预测模型，即具有时空动态特性的输出 PDF 模型和纯时域动态特性的运行指标模型。因此，首先，需要建立表征过程特性的运行指标混合动态模型。一方面，基于数据驱动 RVFLN 的权值向量建模方法和 RBF 基函数参数的迭代学习更新方法，很容易构建输出 PDF 模型；另一方面，基于 RVFLN 智能建模方法构建纯时域内数据驱动 RVFLN 的运行指标动态模型。其次，在构建混合动态模型的基础上，将多目标控制问题设计转化为具有约束多目标优化求解问题。

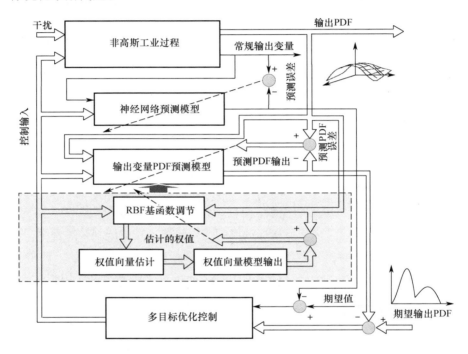

图 5.1　基于多目标非线性预测控制的非高斯工业过程随机分布控制策略

5.2　非高斯工业过程多目标非线性控制策略

为了实现同时对时空特性的输出 PDF 和常规纯时域运行指标的有效控制，这就涉及多目标优化控制问题。因此，考虑到在多目标优化控制器设计过程中，寻找一组满足约束条件及以实现时空特性的输出 PDF 和常规纯时域运行指标控制为目的的决策变量，即 Pareto 最优解集。然而，在满足约束条件下同时使两个性能指标函数最小的最优解集是不存在的，因此只能对它们进行折中处理，解决方法是将控制器设计问题转化为如下多目标优化问题：

$$\min_{\boldsymbol{u}} J(\boldsymbol{u}) = (J_1(\boldsymbol{u}), J_2(\boldsymbol{u})) \qquad (5.1)$$

$$\text{s.t.} \begin{cases} g_i(\boldsymbol{u}) \leqslant 0, \ i = 1, 2, \cdots, m \\ h_j(\boldsymbol{u}) = 0, \ j = 1, 2, \cdots, n \\ \boldsymbol{u}_{\min} \leqslant \boldsymbol{u} \leqslant \boldsymbol{u}_{\max} \end{cases}$$

式中，$J_1(\boldsymbol{u})$ 和 $J_2(\boldsymbol{u})$ 分别为在设计多目标控制器时，以实现面向时空特性的输出 PDF 和以常规纯时域运行指标控制为目的的性能指标函数；$g_i(\boldsymbol{u})$ 和 $h_j(\boldsymbol{u})$ 分别为控制输入 $\boldsymbol{u}$ 的不等式约束和等式约束，控制输入满足 $\boldsymbol{u}_{\min} \leqslant \boldsymbol{u} \leqslant \boldsymbol{u}_{\max}$，其中 $\boldsymbol{u}_{\min}$ 和 $\boldsymbol{u}_{\max}$ 分别为控制输入的下限和上限。

总的来说，本节所提面向时空特性的输出 PDF 和常规纯时域运行指标的非高斯工业过程的多目标优化控制策略可以归纳如下。

首先，需要建立时空特性的输出 PDF 和常规纯时域运行指标的非高斯工业过程混合动态模型，其中，根据第 4 章所提的基于数据驱动建模方法很容易获得输出 PDF 的动态模型；同时，借助 4.3.1 节所述 RVFLN 构建纯时域运行指标的动态模型。

其次，在构建上述混合动态模型的基础上，提出非高斯工业过程多目标优化控制方法，此时，将多目标预测优化控制器设计转化为求解有约束的最优化问题；最终实现同时对输出 PDF 和常规纯时域运行指标的有效控制。

5.3　动态混合指标建模算法

5.3.1　线性输出 PDF 模型

为了建立表征时空特性的输出 PDF 和常规纯时域运行指标的混合动态模型，首先，根据第 4 章所述方法建立输出 PDF 的动态模型；其次，利用 4.3.1 节所述数据驱动 RVFLN 的建模方法可以直接构建常规纯时域运行指标的动态模型。与第 3 章和第 4 章相似，根据 RBF 神经网络近似原理[8]，本节采用 RBF 神经网络近似输出 PDF：

$$\gamma(y, \boldsymbol{u}(k)) = \sum_{l=1}^{n} R_l(y)\omega_l(\boldsymbol{u}(k)) + e_0(y) \qquad (5.2)$$

式中，$\omega_l(\boldsymbol{u}(k))$ 为 RBF 基函数 $R_l(y)$ 相对应的权值；$e_0(y)$ 为近似误差。此外，假设随机变量的区间 $[a, b]$ 为已知，输出 PDF 是连续且有界的，根据输出 PDF 满足的自然隐式条件 $\int_a^b \gamma(y, \boldsymbol{u}(k))\mathrm{d}y = 1$，式（5.2）所示的输出 PDF 可以表示为

$$\gamma(y, \boldsymbol{u}(k)) = \boldsymbol{C}_1(y)\boldsymbol{V}(k) + L(y) + e_0(y) \tag{5.3}$$

式中：

$$\boldsymbol{V}(k) = [\omega_1(\boldsymbol{u}(k)), \omega_2(\boldsymbol{u}(k)), \cdots, \omega_{n-1}(\boldsymbol{u}(k))]^{\mathrm{T}}$$

$$\boldsymbol{C}_1(y) = \begin{bmatrix} R_1(y) - \dfrac{b_1}{b_n}R_n(y) \\ R_2(y) - \dfrac{b_2}{b_n}R_n(y) \\ \vdots \\ R_{n-1}(y) - \dfrac{b_{n-1}}{b_n}R_n(y) \end{bmatrix}$$

$$L(y) = b_n^{-1}R_n(y) , \qquad b_l = \int_a^b R_l(y)\mathrm{d}y$$

为了简单起见，在这里忽略了近似误差 $e_0(y)$。此时，前 $n-1$ 个权值可以表示为

$$\boldsymbol{V}(k) = \boldsymbol{\Sigma}_1^{-1}\int_a^b \boldsymbol{C}_1^{\mathrm{T}}(y)\big[\gamma(y, \boldsymbol{u}(k)) - L(y)\big]\mathrm{d}y \tag{5.4}$$

式中，$\boldsymbol{\Sigma}_1 = \int_a^b \boldsymbol{C}_1^{\mathrm{T}}(y)\boldsymbol{C}_1(y)\mathrm{d}y$。式（5.4）反映了输出 PDF 与权值向量之间的关系。当输出 PDF 可测和基函数确定时，很容易得到输出 PDF 相对应的前 $n-1$ 个权值，在通过式（5.4）获得权值向量后，便很容易构建控制输入和权值向量之间的动态模型。

5.3.2　基于 RVFLN 的动态混合建模算法

在利用式（5.4）估计输出 PDF 相应的权值向量后，权值向量和纯时域运行指标的预测模型可以看作一个多输入、多输出的回归建模问题，本节采用 4.3.1 节所述基于数据驱动 RVFLN 建模方法[9-11]分别建立输入变量与权值向量和纯时域运行指标之间的动态关系。因此，样本集 $(\boldsymbol{u}_i, \boldsymbol{x}_i)$ 主要包括非高斯工业过程控制输入、输出 PDF 相对应的权值向量和纯时域输出运行指标。

本节分别将当前时刻控制输入 $\boldsymbol{u}(k) = [u_1(k), u_2(k), \cdots, u_m(k)]$（其中 m 为输入变量个数），以及当前时刻相对应的权值向量和纯时域运行指标作为非线性动态模型的综合输入，最终构建的面向时空特性的输出 PDF 和纯时域输出

运行指标的动态模型分别表示如下：

$$\begin{cases} \boldsymbol{V}_m(k+1) = f_{R_1}(\boldsymbol{V}_m(k), \boldsymbol{u}(k)) \\ \gamma_m(y, \boldsymbol{u}(k)) = \boldsymbol{C}_1(y)\boldsymbol{V}_m(k) + L(y) \end{cases} \tag{5.5}$$

$$\boldsymbol{y}_m(k+1) = f_{R_2}(\boldsymbol{y}_m(k), \boldsymbol{u}(k)) \tag{5.6}$$

式中，$f_{R_1}(\cdot)$ 和 $f_{R_2}(\cdot)$ 分别为输入变量与权值向量和纯时域运行指标之间的非线性函数；$\boldsymbol{V}_m(k+1)$ 和 $\gamma_m(y, \boldsymbol{u}(k))$ 分别为预测模型的输出和相应的输出 PDF；$\boldsymbol{y}_m(k+1)$ 为纯时域运行指标模型输出。

当纯时域运行指标和输出 PDF 可测，并且 RBF 基函数确定时，在利用式（5.4）获得权值向量的基础上，采用数据驱动 RVFLN 的建模方法分别建立纯时域运行指标和权值向量之间的动态模型，进而建立描述非高斯工业过程运行指标的混合动态模型。

5.3.3　RBF 基函数参数迭代整定算法

与 3.3.3 节相似，为了提高式（5.5）所示的动态输出 PDF 的模型精度，本节通过引入基于迭代学习的更新机制对 RBF 基函数中心值和宽度进行整定。

首先，为了评估输出 PDF 模型的建模效果，在第 i 次迭代学习更新后，定义第 m 个采样点的近似 PDF 与实际 PDF 之间误差的二次性能指标如下：

$$J_{i,m} = \int_a^b (\gamma_{i,m}(y) - g_m'(y))^2 \mathrm{d}y \tag{5.7}$$

在第 i 次迭代学习更新后，式（5.7）所示的误差向量可以表示为 $\boldsymbol{E}_i = [J_{i,1}, J_{i,2}, \cdots, J_{i,K}]^{\mathrm{T}}$。因此，$\bar{J}_{i,m} = \sum_{m=1}^{K} J_{i,m}$ 可以看作在第 i 次迭代学习更新后建模 PDF 误差总和。

其次，定义第 l 个 RBF 基函数的中心值和宽度的增量分别为 $\Delta\mu_{l,i}$ 和 $\Delta\sigma_{l,i}$，此时，基于相邻两个迭代学习周期内的 PDF 近似误差向量，采用如下迭代学习算法对 RBF 基函数的中心值和宽度进行更新：

$$\begin{cases} \mu_{l,i+1} = \mu_{l,i} + \boldsymbol{\alpha}_\mu \boldsymbol{E}_i \\ \sigma_{l,i+1} = \sigma_{l,i} + \boldsymbol{\beta}_\sigma \boldsymbol{E}_i \end{cases} \tag{5.8}$$

式中，RBF 基函数的中心值和宽度迭代学习率 $\boldsymbol{\alpha}_\mu$ 和 $\boldsymbol{\beta}_\sigma$ 分别为

$$\begin{cases} \boldsymbol{\alpha}_\mu = \zeta_\mu [\lambda_1, \lambda_2, \cdots, \lambda_K] \\ \boldsymbol{\beta}_\sigma = \zeta_\sigma [\lambda_1', \lambda_2', \cdots, \lambda_K'] \end{cases} \tag{5.9}$$

式中，ζ_μ 和 ζ_σ 均为确定的学习参数，$\lambda_1, \lambda_2, \cdots, \lambda_K$ 和 $\lambda_1', \lambda_2', \cdots, \lambda_K'$ 均为学习元素。针对式（5.5）所示的动态输出 PDF 模型，采用式（5.8）所示的迭代学习律的收敛分析详细见文献[12]和文献[13]。

5.3.4 基于多目标非线性预测的随机分布控制算法

基于式（5.4）和式（5.5）所示的过程指标混合动态模型，研究面向纯时域运行指标输出 PDF 和纯时域运行指标的非高斯工业过程多目标优化控制方法。在这里，基于预测控制和随机分布控制理论，假设在 k 时刻第 j 步时，输出 PDF 模型预测输出为

$$\begin{cases} V_m(k+j) = f_{R_1}(V_m(k+j-1), \boldsymbol{u}(k+j-1)) \\ \gamma_m(y, \boldsymbol{u}(k+j-1)) = C_1(y)V_m(k+j-1) + L(y) \end{cases} \quad (5.10)$$

同时，式（5.5）所示纯时域运行指标模型预测输出为

$$\boldsymbol{y}_m(k+j) = f_{R_2}(\boldsymbol{y}_m(k+j-1), \boldsymbol{u}(k+j-1)) \quad (5.11)$$

此外，假设期望输出 PDF 为

$$\gamma_g(y, \boldsymbol{u}(k+j)) = C_1(y)V_g(k+j) + L(y) \quad (5.12)$$

式中，$V_g(k+j)$ 为期望输出 PDF 相对应的权值向量。

基于式（5.10）和式（5.12）得到的期望 PDF 和预测模型输出 PDF 之间的误差为

$$\boldsymbol{e}_g(y, k+j) = C_1(y)(V_g(k+j) - V_m(k+j)) \quad (5.13)$$

此外，纯时域运行指标的期望输出与模型预测输出之间的误差为

$$\boldsymbol{e}_g(k+j) = \boldsymbol{y}_g(k+j) - \boldsymbol{y}_m(k+j) \quad (5.14)$$

式中，$\boldsymbol{y}_g(k+j)$ 为纯时域运行指标的期望输出。

针对基于式（5.13）和式（5.14）得到的混合模型预测误差，本节设计多目标预测优化控制器的目的不仅使输出 PDF 形状跟踪到期望输出的 PDF 形状，同时也需使纯时域运行指标输出与期望输出尽可能接近，因此，分别选择如下二次性能指标函数：

$$\begin{cases} J_1(\boldsymbol{u}(k)) = \displaystyle\sum_{j=1}^{N_p} \int_a^b (g(y,k) - \gamma_m(y, \boldsymbol{u}(k+j)))^{\mathrm{T}} (g(y) - \gamma_m(y, \boldsymbol{u}(k+j))) \mathrm{d}y + \\ \qquad\qquad \boldsymbol{u}^{\mathrm{T}}(k+j-1) R_{1,j} \boldsymbol{u}(k+j-1) \\ J_2(\boldsymbol{u}(k)) = \displaystyle\sum_{j=1}^{N_p} (\boldsymbol{y}_g(k+j) - \boldsymbol{y}_m(k+j))^{\mathrm{T}} (\boldsymbol{y}_g(k+j) - \boldsymbol{y}_m(k+j)) + \\ \qquad\qquad \boldsymbol{u}^{\mathrm{T}}(k+j-1) R_{2,j} \boldsymbol{u}(k+j-1) \end{cases} \quad (5.15)$$

式中，$\boldsymbol{u}_{\min} \leqslant \boldsymbol{u}(k) \leqslant \boldsymbol{u}_{\max}$；$N_p$ 为预测长度；$\boldsymbol{R}_{1,j}$ 和 $\boldsymbol{R}_{2,j}$ 均为权值矩阵。

此时，式（5.15）所示的二次性能指标函数可转化为如下向量形式：

$$\min_{\boldsymbol{u}_M} J(\boldsymbol{u}_M) = \begin{cases} J_1(\boldsymbol{u}_M) = (\boldsymbol{V}_g(k) - \boldsymbol{V}_M(k))^{\mathrm{T}} \boldsymbol{\Sigma}_1 (\boldsymbol{V}_g(k) - \boldsymbol{V}_M(k)) + \\ \qquad \boldsymbol{u}_M^{\mathrm{T}}(k) \boldsymbol{Q}_{11} \boldsymbol{u}_M(k) \\ J_2(\boldsymbol{u}_M) = (\boldsymbol{y}_g(k) - \boldsymbol{y}_M(k))^{\mathrm{T}} (\boldsymbol{y}_g(k) - \boldsymbol{y}_M(k)) + \\ \qquad \boldsymbol{u}_M^{\mathrm{T}}(k) \boldsymbol{Q}_{22} \boldsymbol{u}_M(k) \end{cases} \quad （5.16）$$

式中：

$$\boldsymbol{V}_M(k) = [\boldsymbol{V}_m(k),\ \boldsymbol{V}_m(k+1), \cdots, \boldsymbol{V}_m(k+N_P)]^{\mathrm{T}}$$

$$\boldsymbol{y}_M(k) = [y_m(k),\ y_m(k+1), \cdots, y_m(k+N_P)]^{\mathrm{T}}$$

$$\boldsymbol{u}_M(k) = [u(k), u(k+1), \cdots, u(k+N_P-1)]^{\mathrm{T}}$$

$$\boldsymbol{Q}_{11} = \mathrm{diag}[\boldsymbol{R}_{1,1}, \boldsymbol{R}_{1,2}, \cdots, \boldsymbol{R}_{1,N_p}]$$

$$\boldsymbol{Q}_{22} = \mathrm{diag}[\boldsymbol{R}_{2,1}, \boldsymbol{R}_{2,2}, \cdots, \boldsymbol{R}_{2,N_p}]$$

其中：

$$\boldsymbol{V}_M(k+N_p) = f_{R_1}(\boldsymbol{V}_M(k+N_p-1), \boldsymbol{u}(k+N_p-1))$$

$$\boldsymbol{y}_M(k+N_p) = f_{R_2}(\boldsymbol{y}_M(k+N_p-1), \boldsymbol{u}(k+N_p-1))$$

可以看出，式（5.16）所示控制器设计可以看作一个典型的具有约束多目标优化问题。在每一预测步长 j 内，能够通过求解式（5.16）所示的多目标优化问题得到最优控制序列 $\boldsymbol{u}_M(k) = [\boldsymbol{u}(k), \boldsymbol{u}(k+1), \cdots, \boldsymbol{u}(k+N_P-1)]^{\mathrm{T}}$，并将第一个元素 $\boldsymbol{u}(k)$ 应用到式（5.5）和式（5.6）所示工业过程中，实现整个系统的最优控制。这里，为了降低控制器求解难度，将式（5.16）所示的多目标优化求解问题转化为如下优化求解问题：

$$J(\boldsymbol{u}_M(k)) = \rho_1 J_1(\boldsymbol{u}_M) + \rho_2 J_2(\boldsymbol{u}_M) \quad （5.17）$$

式中，ρ_1 和 ρ_2 分别为性能指标函数 J_1 和 J_2 相对应的权值，且 $\rho_1 + \rho_2 = 1$，$\rho_1 > 0$，$\rho_2 > 0$。可以明显看出，通过引入一种合适的权值可以将多目标优化问题转化为常规的具有非线性约束的单目标优化问题，这里采用 SQP 算法获得最优控制序列 $\boldsymbol{u}_M$，并将获得的最优控制输入第一个元素 $\boldsymbol{u}(k)$ 应用到工业过程中。

综上所述，本节提出的基于多目标非线性预测控制的非高斯工业过程随机分布控制策略如图 5.2 所示，详细步骤归纳如下。

（1）给出一组初始的 RBF 基函数的中心值和宽度，以及学习参数 $\boldsymbol{\alpha}_\mu$ 和 $\boldsymbol{\beta}_\sigma$。

（2）通过式（5.4）计算与实际输出 PDF 相对应的初始的权值向量。

（3）利用 4.3.1 节所述 RVFLN 分别构建控制输入与权值向量和纯时域运行指标之间的动态关系，并且基于式（5.7）所示的实际输出 PDF 与模型预测输出 PDF 之间的误差性能指标，利用式（5.8）所示的迭代学习率对 RBF 基函数的中心值和宽度进行迭代更新。

（4）当满足式（5.5）所示的动态输出 PDF 模型的收敛条件时，终止迭代学习过程。否则，重复步骤（2）～步骤（4）。

（5）在每个采样时刻，构建时空特性输出 PDF 和纯时域运行指标的混合动态模型，并将基于式（5.12）和式（5.13）得到的实际输出和预测模型输出之间的误差代入式（5.16）所示的性能指标函数中。

（6）利用 SQP 算法求解式（5.17）所示的具有约束的非线性优化问题，并将获得的最优控制序列 $\boldsymbol{u}_M(k)=[\boldsymbol{u}(k),\boldsymbol{u}(k+1),\cdots,\boldsymbol{u}(k+N_p-1)]^{\mathrm{T}}$ 的第一个元素 $\boldsymbol{u}(k)$ 应用于工业过程。

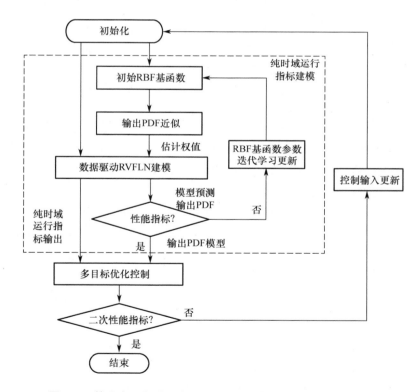

图 5.2　基于多目标非线性预测控制的随机分布控制算法步骤

5.4　稳定性分析

对于本章所提控制算法的稳定性，与 4.4 节类似，可以通过优化式（5.17）所示性能指标来计算最优控制输入。首先，式（5.17）所示的性能指标可以表示如下：

$$
\begin{aligned}
J(\boldsymbol{u}_M) &= \rho_1(\Delta \boldsymbol{V}_M^{\mathrm{T}}(k) \boldsymbol{\Sigma}_1 \Delta \boldsymbol{V}_M(k) + \boldsymbol{u}_M^{\mathrm{T}}(k)\boldsymbol{Q}_{11}\boldsymbol{u}_M(k)) + \\
&\quad \rho_2(\Delta \boldsymbol{y}_M^{\mathrm{T}}(k)\Delta \boldsymbol{y}_M(k) + \boldsymbol{u}_M^{\mathrm{T}}(k)\boldsymbol{Q}_{22}\boldsymbol{u}_M(k)) \\
&= \boldsymbol{E}^{\mathrm{T}}(k)\boldsymbol{E}(k) + \boldsymbol{u}_M^{\mathrm{T}}(k)\boldsymbol{\eta}_k\boldsymbol{u}_M(k)
\end{aligned}
\tag{5.18}
$$

式中：

$$
\Delta \boldsymbol{V}_M(k) = \boldsymbol{V}_g(k) - \boldsymbol{V}_M(k)
$$

$$
\Delta \boldsymbol{y}_M(k) = \boldsymbol{y}_g(k) - \boldsymbol{y}_M(k)
$$

$$
\boldsymbol{\Sigma}_{11} = \int_a^b \boldsymbol{C}_1(y)\mathrm{d}y \;, \quad \boldsymbol{\eta}_k = \rho_1 \boldsymbol{Q}_{11} + \rho_2 \boldsymbol{Q}_{22}
$$

$$
\boldsymbol{E}(k) = [\sqrt{\rho_1}\, \boldsymbol{\Sigma}_{11} \Delta \boldsymbol{V}_M(k) \quad \sqrt{\rho_2}\Delta \boldsymbol{y}_M(k)]^{\mathrm{T}}
$$

令 $\boldsymbol{u}_M(k)=\boldsymbol{u}_M(k-1)+\Delta \boldsymbol{u}_M(k)$，为了得到控制输入向量的变化率 $\Delta \boldsymbol{u}_M(k)$，关于变化率 $\Delta \boldsymbol{u}_M(k)$ 的非线性函数 $\vartheta_k = \boldsymbol{E}^{\mathrm{T}}(k)\boldsymbol{E}(k)$ 可以采用如下泰勒近似表示：

$$
\vartheta_k \approx \vartheta_{k_0} + \vartheta_{k_1}^{\mathrm{T}}\Delta \boldsymbol{u}_M(k) + \frac{1}{2}\Delta \boldsymbol{u}_M^{\mathrm{T}}(k)\vartheta_{k_2}\Delta \boldsymbol{u}_M(k)
\tag{5.19}
$$

式中：

$$
\vartheta_{k_0} = \vartheta_k\,|_{\boldsymbol{u}_M(k)=\boldsymbol{u}_M(k-1)}
$$

$$
\begin{aligned}
\vartheta_{k_1} &= \frac{\partial \vartheta_k}{\partial \Delta \boldsymbol{u}_M(k)}\,|_{\boldsymbol{u}_M(k)=\boldsymbol{u}_M(k-1)} \\
&= 2\frac{\partial \boldsymbol{E}^{\mathrm{T}}(k)}{\partial \Delta \boldsymbol{u}_M(k)} \boldsymbol{E}(k)\,|_{\boldsymbol{u}_M(k)=\boldsymbol{u}_M(k-1)}
\end{aligned}
$$

$$
\begin{aligned}
\vartheta_{k_2} &= \frac{\partial^2 \vartheta_k}{\partial \Delta \boldsymbol{u}_M(k)\partial \Delta \boldsymbol{u}_M^{\mathrm{T}}(k)}\,|_{\boldsymbol{u}_M(k)=\boldsymbol{u}_M(k-1)} \\
&= \frac{2\partial^2 \boldsymbol{E}^{\mathrm{T}}(k)}{\partial \Delta \boldsymbol{u}_M(k)\partial \Delta \boldsymbol{u}_M^{\mathrm{T}}(k)} \boldsymbol{E}(k) + \frac{2\partial \boldsymbol{E}^{\mathrm{T}}(k)}{\partial \Delta \boldsymbol{u}_M(k)}\frac{\partial \boldsymbol{E}^{\mathrm{T}}(k)}{\partial \Delta \boldsymbol{u}_M^{\mathrm{T}}(k)}\,|_{\boldsymbol{u}_M(k)=\boldsymbol{u}_M(k-1)}
\end{aligned}
$$

将式（5.19）代入式（5.18），令 $\dfrac{\partial J(\boldsymbol{u}_M(k))}{\partial \boldsymbol{u}_M(k)}=0$，可得到如下局部最优

控制律：

$$\Delta \boldsymbol{u}_M(k)=-(\boldsymbol{\vartheta}_{k_2}+2\boldsymbol{\eta}_k)^{-1}(\boldsymbol{\vartheta}_{k_1}+2\boldsymbol{\eta}_k\boldsymbol{u}_M(k-1)) \qquad (5.20)$$

可以看出，式（5.20）所示的局部控制律只能保证该算法存在的必要条件。为了保证其存在的充分性，式（5.20）所示的性能指标的二阶导数应满足以下条件：

$$\frac{\partial^2 J(\boldsymbol{u}_M(k))}{\partial \boldsymbol{u}_M(k)\partial \boldsymbol{u}_M^{\mathrm{T}}(k)}=\boldsymbol{\vartheta}_{k_2}+2\boldsymbol{\eta}_k>0 \qquad (5.21)$$

通常情况下，直接对式（5.5）和式（5.6）所示的非线性系统进行稳定性分析比较困难。在这里讨论保证闭环系统稳定的次优控制律。为此，假设式（5.5）所示动态 PDF 模型中的第一个方程和式（5.6）可以线性化为以下模型：

$$\begin{aligned}
\boldsymbol{V}_g(k&+1)-\boldsymbol{V}_M(k+1)\\
&=f_{R_1}(\boldsymbol{V}_g(k),\boldsymbol{r}(k))-f_{R_1}(\boldsymbol{V}_M(k),\boldsymbol{u}_M(k))\\
&=\boldsymbol{A}_{k_1}(\boldsymbol{V}_g(k)-\boldsymbol{V}_M(k))+\boldsymbol{B}_{k_1}(\boldsymbol{r}(k)-\boldsymbol{u}_M(k))
\end{aligned} \qquad (5.22)$$

$$\begin{aligned}
\boldsymbol{y}_g(k&+1)-\boldsymbol{y}_M(k+1)\\
&=f_{R_2}(\boldsymbol{y}_g(k),\boldsymbol{r}(k))-f_{R_2}(\boldsymbol{y}_M(k),\boldsymbol{u}_M(k))\\
&=\boldsymbol{A}_{k_2}(\boldsymbol{y}_g(k)-\boldsymbol{y}_M(k))+\boldsymbol{B}_{k_2}(\boldsymbol{r}(k)-\boldsymbol{u}_M(k))
\end{aligned} \qquad (5.23)$$

式中，$\boldsymbol{r}(k)$ 为参考输入。

$$\boldsymbol{A}_{k_1}=\frac{\partial f_{R_1}(\boldsymbol{V}_M(k),\boldsymbol{u}_M(k))}{\partial \boldsymbol{V}_M(k)}\bigg|_{\boldsymbol{V}_M(k)=\boldsymbol{V}_g(k),\,\boldsymbol{u}_M(k)=\boldsymbol{r}(k)}$$

$$\boldsymbol{B}_{k_1}=\frac{\partial f_{R_1}(\boldsymbol{V}_M(k),\boldsymbol{u}_M(k))}{\partial \boldsymbol{u}_M(k)}\bigg|_{\boldsymbol{V}_M(k)=\boldsymbol{V}_g(k),\,\boldsymbol{u}_M(k)=\boldsymbol{r}(k)}$$

$$\boldsymbol{A}_{k_2}=\frac{\partial f_{R_2}(\boldsymbol{y}_M(k),\boldsymbol{u}_M(k))}{\partial \boldsymbol{y}_M(k)}\bigg|_{\boldsymbol{y}_M(k)=\boldsymbol{y}_g(k),\,\boldsymbol{u}_M(k)=\boldsymbol{r}(k)}$$

$$\boldsymbol{B}_{k_2}=\frac{\partial f_{R_2}(\boldsymbol{y}_M(k),\boldsymbol{u}_M(k))}{\partial \boldsymbol{u}_M(k)}\bigg|_{\boldsymbol{y}_M(k)=\boldsymbol{y}_g(k),\,\boldsymbol{u}_M(k)=\boldsymbol{r}(k)}$$

然后，式（5.5）和式（5.6）所示输出 PDF 动态模型和纯时域运行指标模型可以分别表示如下：

$$\begin{cases}
\Delta \boldsymbol{V}_M(k+1)=\boldsymbol{A}_{k_1}\Delta \boldsymbol{V}_M(k)+\boldsymbol{B}_{k_1}\Delta \boldsymbol{u}_M(k)\\
\Delta \boldsymbol{\Gamma}_M(y,\boldsymbol{u}_M(k))=\boldsymbol{C}_{11}(y)\Delta \boldsymbol{V}_M(k)+\boldsymbol{L}_{11}(y)
\end{cases} \qquad (5.24)$$

$$\Delta \boldsymbol{y}_m(k+1)=\boldsymbol{A}_{k_2}\Delta \boldsymbol{y}_m(k)+\boldsymbol{B}_{k_2}\Delta \boldsymbol{u}_M(k) \qquad (5.25)$$

这里定义如下：

$$\Delta \boldsymbol{u}_M(k) = \boldsymbol{r}(k) - \boldsymbol{u}_M(k) , \quad \boldsymbol{C}_{11}(y) = C_1(y)\boldsymbol{I}_{N_p \times N_p}$$

$$\boldsymbol{L}_{11}(y) = [L(y), L(y), \cdots, L(y)]^{\mathrm{T}}_{1 \times N_p}$$

$$\Delta \boldsymbol{\Gamma}_M(y, \boldsymbol{u}(k)) = \boldsymbol{\Gamma}_M(y, \boldsymbol{u}(k)) - \boldsymbol{\Gamma}_g(y)$$

式中：

$$\boldsymbol{\Gamma}_M(y, \boldsymbol{u}(k)) = [\gamma_m(y, \boldsymbol{u}(k+1)), \gamma_m(y, \boldsymbol{u}(k+2)), \cdots, \gamma_m(y, \boldsymbol{u}(k+N_p))]^{\mathrm{T}}_{1 \times N_p}$$

$$\boldsymbol{\Gamma}_g(y) = [g(y), g(y), \cdots, g(y)]^{\mathrm{T}}_{1 \times N_p}$$

引理 5.1　对于式（5.5）和式（5.6）所示的动态系统，在当前时刻 k，保证如下两个不等式成立。

（1）对于任何可逆矩阵 $\boldsymbol{S}_{k_1}$、$\boldsymbol{S}_{k_2}$ 及确定的正定矩阵 $\boldsymbol{Q}_k$，如下线性矩阵不等式可解：

$$\begin{bmatrix} -\boldsymbol{Q}_k & 0 & \boldsymbol{Q}_k \boldsymbol{A}_{k_1}^{\mathrm{T}} + \boldsymbol{S}_{k_1}^{\mathrm{T}} \boldsymbol{B}_{k_1}^{\mathrm{T}} & 0 \\ 0 & 0 & 0 & \boldsymbol{Q}_k \boldsymbol{A}_{k_2}^{\mathrm{T}} + \boldsymbol{S}_{k_2}^{\mathrm{T}} \boldsymbol{B}_{k_2}^{\mathrm{T}} \\ \boldsymbol{A}_{k_1}\boldsymbol{Q}_k + \boldsymbol{B}_{k_1}\boldsymbol{S}_{k_1} & 0 & 0 & 0 \\ 0 & \boldsymbol{A}_{k_2}\boldsymbol{Q}_k + \boldsymbol{B}_{k_2}\boldsymbol{S}_{k_2} & 0 & -\boldsymbol{Q}_k \end{bmatrix} < 0 \quad (5.26)$$

（2）对于给定的矩阵 $\boldsymbol{\Lambda}_{k_1}$、$\boldsymbol{\Lambda}_{k_2}$，存在正定矩阵 $\boldsymbol{Q}_k$、$\boldsymbol{W}_{k_1}$、$\boldsymbol{W}_{k_2}$ 和可逆矩阵 $\boldsymbol{S}_{k_1}$、$\boldsymbol{S}_{k_2}$，使下列矩阵不等式成立：

$$\begin{bmatrix} -\boldsymbol{Q}_k & 0 & \boldsymbol{M}_{k_1}^{\mathrm{T}} & 0 \\ 0 & 0 & 0 & \boldsymbol{M}_{k_2}^{\mathrm{T}} \\ \boldsymbol{M}_{k_1} & 0 & 0 & 0 \\ 0 & \boldsymbol{M}_{k_2} & 0 & -\boldsymbol{Q}_k \end{bmatrix} < 0 \quad (5.27)$$

式中，$\boldsymbol{M}_{k_1} = \boldsymbol{A}_{k_1}\boldsymbol{Q}_k + \boldsymbol{B}_{k_1}\boldsymbol{S}_{k_1} + \boldsymbol{B}_{k_1}\boldsymbol{W}_{k_1}$；$\boldsymbol{M}_{k_2} = \boldsymbol{A}_{k_2}\boldsymbol{Q}_k + \boldsymbol{B}_{k_2}\boldsymbol{S}_{k_2} + \boldsymbol{B}_{k_2}\boldsymbol{W}_{k_2}$。在满足式（5.26）和式（5.27）的情况下，存在可镇定输出反馈控制律，为 $\Delta \boldsymbol{u}_M(k) = \boldsymbol{S}_{k_1}\boldsymbol{Q}_k^{-1} \int_a^b \Delta \boldsymbol{\Gamma}_M(y, \boldsymbol{u}(k)) \mathrm{d}y + \boldsymbol{S}_{k_2}\boldsymbol{Q}_k^{-1} \Delta \boldsymbol{y}_M(k)$。

证明：首先，综合式（5.24）和式（5.25）可以得到如下广义动态系统：

$$\Delta \boldsymbol{x}(k+1) = \boldsymbol{A}_k \Delta \boldsymbol{x}(k) + \boldsymbol{B}_k \Delta \boldsymbol{u}_M(k) \quad (5.28)$$

式中，$\Delta \boldsymbol{x}(k) = \begin{bmatrix} \Delta \boldsymbol{V}_M(k) \\ \Delta \boldsymbol{y}_M(k) \end{bmatrix}$；$\boldsymbol{A}_k = \begin{bmatrix} \boldsymbol{A}_{k_1} & 0 \\ 0 & \boldsymbol{A}_{k_2} \end{bmatrix}$；$\boldsymbol{B}_k = \begin{bmatrix} \boldsymbol{B}_{k_1} \\ \boldsymbol{B}_{k_2} \end{bmatrix}$。

同时，假设式（5.24）和式（5.25）中系统的可镇定输出反馈控制律可以表示为

$$\Delta \boldsymbol{u}_M(k) = [\boldsymbol{C}_{k_1} \ \ \boldsymbol{C}_{k_2}]\begin{bmatrix} \int_a^b \Delta \boldsymbol{\Gamma}_M(y, \boldsymbol{u}(k)) \mathrm{d}y \\ \Delta \boldsymbol{y}_M(k) \end{bmatrix} \qquad (5.29)$$

$$= \boldsymbol{C}_k \Delta \boldsymbol{x}(k)$$

式中，$\boldsymbol{C}_{k_1}$ 和 $\boldsymbol{C}_{k_2}$ 分别为式（5.24）和式（5.25）所示系统的输出反馈增益矩阵，$\boldsymbol{C}_k = [\boldsymbol{C}_{k_1} \boldsymbol{\Sigma}_{11} \boldsymbol{I}_{N_p \times N_p} \ \boldsymbol{C}_{k_2}]$ 为广义状态反馈矩阵。

将式（5.29）代入式（5.28），可以得到如下闭环系统：

$$\Delta \boldsymbol{x}(k+1) = (\boldsymbol{A}_k + \boldsymbol{B}_k \boldsymbol{C}_k)\Delta \boldsymbol{x}(k) \qquad (5.30)$$

如果式（5.30）所示闭环系统是稳定的，仅当 $\boldsymbol{P}_k$ 存在时，如下表达式才成立：

$$(\boldsymbol{A}_k + \boldsymbol{B}_k \boldsymbol{C}_k)^{\mathrm{T}} \boldsymbol{P}_k (\boldsymbol{A}_k + \boldsymbol{B}_k \boldsymbol{C}_k) - \boldsymbol{P}_k < 0 \qquad (5.31)$$

式（5.31）等价于

$$\begin{bmatrix} -\boldsymbol{P}_k^{-1} & \boldsymbol{P}_k^{-1} \boldsymbol{A}_k^{\mathrm{T}} + \boldsymbol{P}_k^{-1} \boldsymbol{C}_k^{\mathrm{T}} \boldsymbol{B}_k^{\mathrm{T}} \\ \boldsymbol{A}_k \boldsymbol{P}_k^{-1} + \boldsymbol{B}_k \boldsymbol{C}_k \boldsymbol{P}_k^{-1} & -\boldsymbol{P}_k^{-1} \end{bmatrix} < 0 \qquad (5.32)$$

此外，式（5.32）表明对于任何给定 $\boldsymbol{B}_k$，总是存在正定矩阵 $\boldsymbol{W}_k$，使得式（5.32）成立。

$$\begin{bmatrix} -\boldsymbol{P}_k^{-1} & \boldsymbol{P}_k^{-1} \boldsymbol{A}_k^{\mathrm{T}} + \boldsymbol{P}_k^{-1} \boldsymbol{C}_k^{\mathrm{T}} \boldsymbol{B}_k^{\mathrm{T}} + \boldsymbol{W}_k^{\mathrm{T}} \boldsymbol{B}_k^{\mathrm{T}} \\ \boldsymbol{A}_k \boldsymbol{P}_k^{-1} + \boldsymbol{B}_k \boldsymbol{C}_k \boldsymbol{P}_k^{-1} + \boldsymbol{B}_k \boldsymbol{W}_k & -\boldsymbol{P}_k^{-1} \end{bmatrix} < 0 \quad (5.33)$$

式中，$\boldsymbol{W}_k = \varepsilon_k \boldsymbol{I}$，其中 ε_k 为一个足够小的正数。将 $\boldsymbol{A}_{k_1}$、$\boldsymbol{A}_{k_2}$、$\boldsymbol{B}_{k_1}$、$\boldsymbol{B}_{k_2}$、$\boldsymbol{C}_{k_1}$、$\boldsymbol{C}_{k_2}$ 代入式（5.33），可以得到如下不等式：

$$\left[\begin{matrix} -\boldsymbol{P}_k^{-1} & 0 \\ 0 & 0 \\ \boldsymbol{A}_{k_1} \boldsymbol{P}_k^{-1} + \boldsymbol{B}_{k_1} \boldsymbol{C}_{k_1} \boldsymbol{\Sigma}_{12} \boldsymbol{P}_k^{-1} & 0 \\ 0 & \boldsymbol{A}_{k_2} \boldsymbol{P}_k^{-1} + \boldsymbol{B}_{k_2} \boldsymbol{C}_{k_2} \boldsymbol{P}_k^{-1} \end{matrix}\right.$$

$$\left.\begin{matrix} \boldsymbol{P}_k^{-1} \boldsymbol{A}_{k_1}^{\mathrm{T}} + \boldsymbol{P}_k^{-1} \boldsymbol{\Sigma}_{12}^{\mathrm{T}} \boldsymbol{C}_{k_1}^{\mathrm{T}} \boldsymbol{B}_{k_1}^{\mathrm{T}} & 0 \\ 0 & \boldsymbol{P}_k^{-1} \boldsymbol{A}_{k_2}^{\mathrm{T}} + \boldsymbol{P}_k^{-1} \boldsymbol{C}_{k_2}^{\mathrm{T}} \boldsymbol{B}_{k_2}^{\mathrm{T}} \\ 0 & 0 \\ 0 & -\boldsymbol{P}_k^{-1} \end{matrix}\right] < 0 \quad (5.34)$$

令 $\boldsymbol{S}_{k_1} = \boldsymbol{C}_{k_1} \boldsymbol{\Sigma}_{12} \boldsymbol{P}_k^{-1}$，$\boldsymbol{S}_{k_2} = \boldsymbol{C}_{k_2} \boldsymbol{P}_k^{-1}$，式（5.26）成立。与式（5.33）类似，对于任何给定的 $\boldsymbol{B}_{k_1}$ 和 $\boldsymbol{B}_{k_2}$，始终存在正定矩阵 $\boldsymbol{W}_{k_1} = \varepsilon_{k_1} \boldsymbol{I}$ 和 $\boldsymbol{W}_{k_2} = \varepsilon_{k_2} \boldsymbol{I}$，使

得式（5.33）成立，其中 ε_{k_1} 和 ε_{k_2} 均为足够小的正数。

　　然后，假设式（5.30）所示闭环系统具有可镇定输出反馈控制律 $\Delta \boldsymbol{u}_M(k) = \boldsymbol{C}_k \Delta \boldsymbol{x}(k) + \Delta \boldsymbol{u}^*(k)$，其中 $\boldsymbol{C}_k$ 可以由引理 5.1 求解。

　　定理 5.1　对于式（5.28）所示广义动态系统，假如选择 $\boldsymbol{\rho}_k = -0.5((\boldsymbol{W}_k \boldsymbol{Q}_k^{-1} \boldsymbol{\Lambda}_{k_2}^{-1})^{-1} \boldsymbol{\Lambda}_{k_1})$，并且可以通过式（5.26）和式（5.27）计算 $\boldsymbol{W}_k$ 和 $\boldsymbol{Q}_k$，当满足式（5.35）所示的稳定控制律时，可以保证闭环系统是稳定的：

$$\Delta \boldsymbol{u}_M(k) = \boldsymbol{C}_k \Delta \boldsymbol{x}(k) + \Delta \boldsymbol{u}^*(k) \tag{5.35}$$

式中，$\Delta \boldsymbol{u}^*(k) = -(\boldsymbol{\Lambda}_{k_1} + 2\boldsymbol{\eta}_k)^{-1}(\boldsymbol{\Lambda}_{k_2} \Delta \boldsymbol{x}(k) + \boldsymbol{\alpha}_{k_1} + 2\boldsymbol{\eta}_k \boldsymbol{u}_M(k-1))$。

　　证明：从式（5.18）中可以发现，$\vartheta_k = \boldsymbol{E}^{\mathrm{T}}(k)\boldsymbol{E}(k)$ 是 $\Delta \boldsymbol{u}_M(k)$、$\boldsymbol{u}_M(k-1)$ 和 $\Delta \boldsymbol{x}(k)$ 的非线性函数，采用泰勒近似可得到如下表达式：

$$\begin{aligned}
\vartheta_k \approx{} & \alpha_{k_0} + \boldsymbol{\alpha}_{k_1}^{\mathrm{T}} \Delta \boldsymbol{u}_M(k) + \boldsymbol{\alpha}_{k_2}^{\mathrm{T}} \Delta \boldsymbol{x}(k) + \frac{1}{2} \Delta \boldsymbol{u}_M^{\mathrm{T}}(k) \boldsymbol{\Lambda}_{k_1} \Delta \boldsymbol{u}_M(k) + \\
& \Delta \boldsymbol{u}_M^{\mathrm{T}}(k) \boldsymbol{\Lambda}_{k_2} \Delta \boldsymbol{x}(k) + \frac{1}{2} \Delta \boldsymbol{x}^{\mathrm{T}}(k) \boldsymbol{\Lambda}_{k_3} \Delta \boldsymbol{x}(k)
\end{aligned} \tag{5.36}$$

式中：

$$\alpha_{k_0} = \vartheta_k|_{k-1}, \quad \boldsymbol{\alpha}_{k_1} = \frac{\partial \vartheta_k}{\partial \Delta \boldsymbol{u}_M(k)}\Big|_{k-1}, \quad \boldsymbol{\alpha}_{k_2} = \frac{\partial \vartheta_k}{\partial \Delta \boldsymbol{x}(k)}\Big|_{k-1}$$

$$\boldsymbol{\Lambda}_{k_1} = \frac{\partial^2 \vartheta_k}{\partial \Delta \boldsymbol{u}_M(k) \partial \Delta \boldsymbol{u}_M^{\mathrm{T}}(k)}\Big|_{k-1}, \quad \boldsymbol{\Lambda}_{k_2} = \frac{\partial^2 \vartheta_k}{\partial \Delta \boldsymbol{u}_M(k) \partial \Delta \boldsymbol{x}^{\mathrm{T}}(k)}\Big|_{k-1}, \quad \boldsymbol{\Lambda}_{k_3} = \frac{\partial^2 \vartheta_k}{\partial \Delta \boldsymbol{x}(k) \partial \Delta \boldsymbol{x}^{\mathrm{T}}(k)}\Big|_{k-1}$$

　　将式（5.36）代入式（5.35），令 $\dfrac{\partial J(\boldsymbol{u}_M(k))}{\partial \Delta \boldsymbol{u}_M(k)} = 0$，得到

$$\Delta \boldsymbol{u}^*(k) = -(\boldsymbol{\Lambda}_{k_1} + 2\boldsymbol{\eta}_k)^{-1}(\boldsymbol{\Lambda}_{k_2} \Delta \boldsymbol{x}(k) + \boldsymbol{\alpha}_{k_1} + 2\boldsymbol{\eta}_k \boldsymbol{u}_M(k-1)) \tag{5.37}$$

　　通过将式（5.37）代入式（5.28），可以得到如下闭环系统：

$$\Delta \boldsymbol{x}(k+1) = \tilde{\boldsymbol{A}}_k \Delta \boldsymbol{x}(k) + \tilde{\boldsymbol{d}}_k \tag{5.38}$$

式中，$\tilde{\boldsymbol{A}}_k = \boldsymbol{A}_k + \boldsymbol{B}_k \boldsymbol{C}_k - \boldsymbol{B}_k (\boldsymbol{\Lambda}_{k_1} + 2\boldsymbol{\eta}_k)^{-1} \boldsymbol{\Lambda}_{k_2}$；$\tilde{\boldsymbol{d}}_k = -\boldsymbol{B}_k (\boldsymbol{\Lambda}_{k_1} + 2\boldsymbol{\eta}_k)^{-1}(\boldsymbol{\alpha}_{k_1} + 2\boldsymbol{\eta}_k \boldsymbol{u}_M(k-1))$ 可以看作外部附加的有界输入。类似于引理 5.1 的证明，式（5.38）中闭环系统的稳定性明显依赖 $\boldsymbol{D}_k = \boldsymbol{A}_k + \boldsymbol{B}_k \boldsymbol{C}_k - \boldsymbol{B}_k (\boldsymbol{\Lambda}_{k_1} + 2\boldsymbol{\eta}_k)^{-1} \boldsymbol{\Lambda}_{k_2}$。因此，如果合理地选择 $\boldsymbol{\eta}_k$，使得 $\boldsymbol{W}_k = -(\boldsymbol{\Lambda}_{k_1} + 2\boldsymbol{\eta}_k)^{-1} \boldsymbol{\Lambda}_{k_2} \boldsymbol{Q}_k$，那么引理 5.1 可以保证式（5.38）所示闭环系统是稳定的。

5.5　仿真实验

为了验证本章所提方法的有效性，利用造纸制浆过程磨盘间隙、稀释水流量、纤维长度分布形状 PDF 和纸浆 CSF 等生产数据，开展数据仿真实验研究。本章所述的衡量纸浆质量的运行指标不仅有纤维长度分布形状 PDF，还有衡量纸浆滤水性能的 CSF。首先，建立面向纤维长度分布形状和纸浆 CSF 的造纸制浆过程的混合动态模型；其次，在构建的混合动态模型的基础上，验证本章所提多目标优化控制方法的有效性。

5.5.1　动态混合指标建模效果

本节所述的制浆过程纸浆质量混合动态模型，即具有时空特性的纤维长度分布形状 PDF 和纯时域特性的纸浆 CSF 的动态模型，其中，利用 4.2 节所述基于 RVFLN 的建模方法可以直接构建纸浆 CSF 动态模型，与 5.2 节所采用的数据驱动和机理结合的建模方法相比，本节直接利用过程输入和输出 CSF 数据建立输出 CSF 的动态模型，有效地提高了输出 PDF 模型的精度和泛化能力。因此，本章不叙述纸浆 CSF 的建模效果。此外，与第 3 章和第 4 章建立的输出 PDF 均方根模型不同的是，本章建立造纸制浆过程的线性输出 PDF 的动态模型。

首先，选择具有四个高斯型基函数的 RBF 神经网络来逼近输出 PDF，假设 RBF 基函数的中心值和宽度的学习率分别为 $\alpha_\mu = 0.12$，$\beta_\sigma = 0.025$，初始基函数的中心值分别为 $\mu_1 = 0.35$，$\mu_2 = 0.85$，$\mu_3 = 1.35$，$\mu_4 = 1.85$，初始基函数的宽度分别为 $\sigma_1^2 = \sigma_2^2 = 0.01$，$\sigma_3^2 = \sigma_4^2 = 0.06$。其次，根据初始基函数的中心值和宽度，可以通过式（5.4）估计与实际测量的输出 PDF 相对应的初始的权值向量。再次，基于 RVFLN 建模方法构建描述控制输入与权值向量之间关系的动态模型，并将构建的权值向量的模型输出乘以初始基函数中心值和宽度，得到相应的预测模型输出 PDF。最后，根据式（5.4）所示的实际输出 PDF 与模型输出 PDF 之间误差的性能指标，通过式（5.8）对基函数的中心值和宽度进行迭代学习更新，获得更新的输出纤维长度分布形状的动态 PDF 模型。

在本章所述的建模方法下，在第 10 次迭代学习后，基函数的中心值、宽度及基函数在第 5 次和第 10 次迭代更新后的位置变化趋势分别如图 5.3～图 5.5 所示，可以看出，随着迭代学习次数 i 的增加，RBF 基函数的中心值和宽度变化趋势逐渐趋于平稳；从图 5.6 所示的总建模 PDF 误差的性能指标函数的变化趋势也可以看出，实际输出 PDF 与模型输出 PDF 之间误差随着迭代学习次数 i 增加而逐步收敛。此外，在第 10 次迭代之后，基函数的中心值分别为 $\mu_1 = 0.408$，$\mu_2 = 0.915$，$\mu_3 = 1.499$，$\mu_4 = 1.681$；基函数的宽度分别为 $\sigma_1^2 = 0.408$，$\sigma_2^2 = 0.107$，$\sigma_3^2 = 0.10$，$\sigma_4^2 = 0.016$。

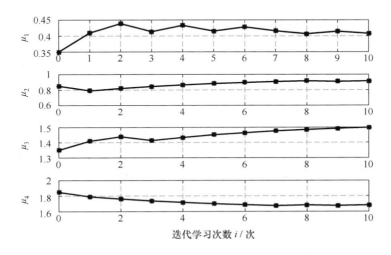

图 5.3　RBF 基函数中心值变化趋势

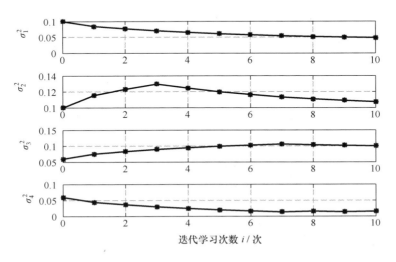

图 5.4　RBF 基函数宽度变化趋势

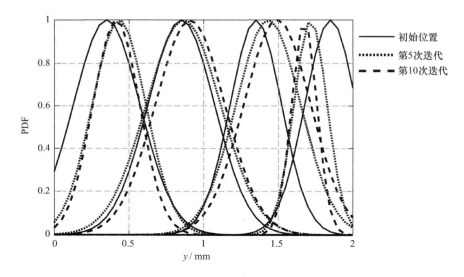

图 5.5 RBF 基函数位置变化趋势

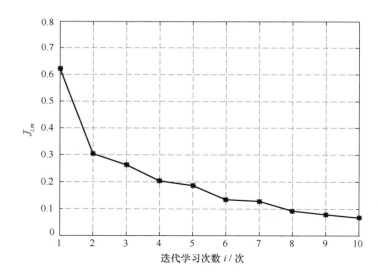

图 5.6 总建模误差变化趋势

5.5.2 多目标非线性优化控制效果

在构建的输出纤维长度分布形状 PDF 和纸浆 CSF 的混合动态模型的基础上，将本章所提预测 PDF 控制器的设计转化为利用 SQP 算法求解式（5.16）中的非线性约束优化问题，其中，式（5.16）中的性能指标权值分别为 $\rho_1 = 0.65$ 和 $\rho_2 = 0.35$；选择预测长度 $N_p = 3$，控制权重分别为

$R_{1,j} = 0.01$ 和 $R_{2,j} = 0.5$。稀释水流速(u_1)和磨盘间隙(u_2)的初始值分别为 $u_1 = 70\,\text{L/min}$，$u_2 = 0.8\,\text{mm}$。此外，木片尺寸、密度和种类的变化被认为是影响磨浆过程控制性能的主要外部干扰。为了模拟由各种外部干扰引起的对闭环性能的影响，在不同时刻向磨浆过程的控制输入添加均值为 0、方差为 0.01 的白噪声干扰。同时，期望的纤维长度分布形状 PDF 和纸浆 CSF 可以通过工艺和试验数据分析来确定，其中通过式（5.4）可以估计相应的期望权值向量。

为了验证所提方法下的控制效果，这里假设初始的输出纤维长度分布形状 PDF 对应的权值向量为 $V_0 = [0.3\,0.6\,0.9]^{\text{T}}$，期望的输出 CSF 为 408mL，纤维长度分布形状 PDF 对应的权值向量为 $V_g = [1.5411\ 0.5080\ 0.1412]^{\text{T}}$，利用 SQP 算法求解式（5.16）所示的有约束的最优化问题，将最优输出 $\boldsymbol{u}(k)$ 作为造纸制浆过程的控制输入。

在本章所提方法下，控制输入即稀释水流速(u_1)和磨盘间隙(u_2)曲线如图 5.7 所示。可以看出，控制输入均能有效地稳定在可行的操作区域内。权值向量响应、输出纤维长度分布形状 PDF 及初始输出 PDF、最终输出 PDF 和期望输出 PDF 分别如图 5.8～图 5.10 所示。可以明显看出，输出纤维长度分布形状 PDF 从初始时刻逐渐趋近于期望 PDF，并能够有效实现对期望纤维长度分布形状的跟踪；同时，输出 CSF 变化趋势如图 5.11 所示。可以看出，在本章所提方法下输出 CSF 同样也可获得良好的控制效果。因此，本章所提方法不仅可以有效地实现对输出纤维长度分布形状 PDF 的控制，而且使输出 CSF 获得良好的控制效果。

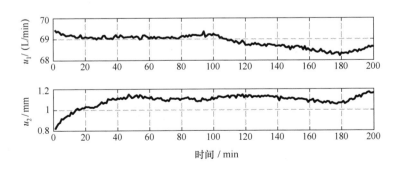

图 5.7　控制输入曲线

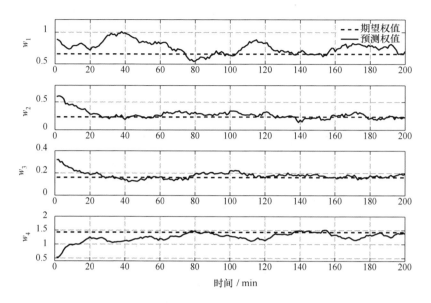

图 5.8　权值向量响应

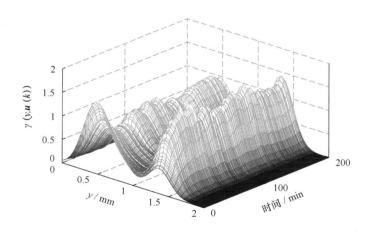

图 5.9　输出纤维长度分布形状 PDF

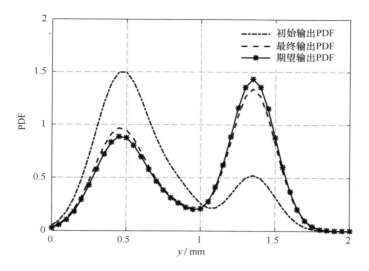

图 5.10　初始输出 PDF、最终输出 PDF 和期望输出 PDF

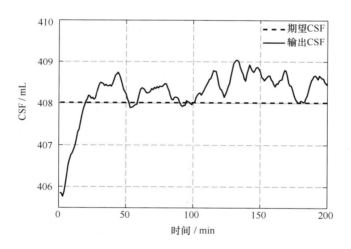

图 5.11　输出 CSF 变化趋势

5.6　本章小结

针对以产品质量 PDF 形状为单一控制模式难以全面实现非高斯工业过程有效控制的问题，本章进一步提出面向时空域内运行指标输出 PDF 和纯时域内运行指标的非高斯工业过程多目标随机分布控制方法。借助数据驱动 RVFLN 的建模方法构建纯时域内运行指标的混合动态预测模型，综合数据驱动控制、随机分布控制和多目标优化控制，在建立的混合动态预测模型的基础上，提出非高斯工业过程多目标优化控制策略。从总体上说，本章完成了如下工作。

（1）本章所述的非高斯工业混合动态预测模型包括时空域内运行指标输出 PDF 和纯时域内运行指标的混合预测模型，即具有时空动态特性的输出 PDF 模型和纯时域动态特性的运行指标模型。与第 4 章所述的输出 PDF 建模类似，本章利用 RVFLN 分别建立权值向量和纯时域运行指标的动态模型，并结合 RBF 迭代学习更新机制，建立非高斯工业过程混合动态模型；在构建混合动态模型的基础上，将控制器设计转化为具有约束多目标优化求解问题。

（2）以造纸制浆过程为研究对象，提出了面向衡量纸浆质量的纤维长度分布形状和 CSF 的运行指标的造纸制浆过程的多目标非线性优化控制，包括纤维长度分布 PDF 形状优化控制及纸浆 CSF 优化控制。

参考文献

[1] 柴天佑. 生产制造全流程优化控制对控制与优化理论方法的挑战[J]. 自动化学报, 2009, 35(6): 641-649.

[2] ZHOU P, CHAI T Y, SUN J. Intelligence-based supervisory control for optimal operation of a DCS-controlled grinding system[J]. IEEE Transactions on Control Systems Technology, 2013, 21(1): 162-175.

[3] HARINATH E, BIEGLER L T, DUMONT G A. Predictive optimal control for thermo-mechanical pulping processes with multi-stage low consistency refining[J]. Journal of Process Control, 2013, 23(7): 1001-1011.

[4] HOU Q X, LIU L H, LIU W, et al. Achieving refining energy savings and pulp properties for poplar chemithermomechanical pulp improvement through optimized autohydrolysis pretreatment[J]. Industrial & Engineering Chemistry Research, 2014, 53(45): 17843-17848.

[5] RUNKLER A, GERSTORFER E, SCHLANGC M, et al. Modelling and optimization of a refining process for fibre board production[J]. Control Engineering Practice, 2003, 11(11): 1229-1241.

[6] SANDBERG C, NELSSON E, ENGBERG B A, et al. Effects of chip pretreatment and feeding segments on specific energy and pulp quality in TMP production[J]. Nordic Pulp & Paper Research Journal, 2018, 33(3): 448-459.

[7] ZHOU P, LI M J, GUO D W, et al. Modeling for output fiber length distribution of refining process using wavelet neural networks trained by NSGA-Ⅱ and gradient

based two-stage hybrid algorithm[J]. Neurocomputing, 2017, 238: 24-32.

[8]　WANG H. Bounded dynamic stochastic distributions modelling and control[M]. London :Springer-Verlag, 2000.

[9]　IGELNIK B, PAO Y H. Stochastic choice of basis functions in adaptive function approximation and the functional-link net[J]. IEEE Transactions on Neural Networks, 1995, 6(6): 1320-1329.

[10] STOSIC D, ZANCHETTIN C, LUDERMIR T, et al. QRNN: q-generalized random neural network[J]. IEEE Transactions on Neural Networks and Learning Systems, 2017, 28(2): 383-390.

[11] SCARDAPANE S, WANG D H, UNCINI A. Bayesian random vector functional-link networks for robust data modeling[J]. IEEE Transactions on Cybernetic, 2018, 48(7): 2049-2059.

[12] WANG H, AFSHAR P. ILC-based fixed-structure controller design for output PDF shaping in stochastic systems using LMI technique[J]. IEEE Transactions on Automatic Control, 2009, 54(4):760-773.

[13] ZHOU, J L, YUE H, ZHANG J F, et al. Iterative learning double closed-loop structure for modeling and controller design of output stochastic distribution control systems[J]. IEEE Transactions on Control Systems Technology, 2014, 22(6): 2261-2276.

基于目标函数分布形状的非高斯工业过程概率约束随机优化

6.1 引言

在实际工业过程中，反映整个生产过程的产品质量、生产效率和能耗的目标函数直接决定工业过程的运行品质，因此，反映工业过程运行品质的目标函数优化对实现工业过程运行优化显得至关重要[1-4]。但是，由于实际工业过程中受到多种不确定性（如原材料成分波动、测量噪声和外部环境变化等）的影响，待优化的目标函数中存在大量的随机不确定性。在这种情况下，待优化或者优化前后的目标函数是一个随机变量，此时，复杂工业过程运行优化问题可以看作随机优化的问题。目前，实际工业过程的随机优化面临如下主要挑战。

（1）如何最小化优化后运行目标函数中不确定性的影响。

（2）如何确保优化的运行目标函数接近其优化点。

为了能够有效描述目标函数中的不确定性，可以将过程运行的不确定性看作随机变量，这时目标函数中的不确定性可以采用概率密度函数（PDF）来描述。然而，当前随机优化方法只关注上述挑战（2）中运行目标函数的均值优化，而没有考虑待优化的目标函数是否满足高斯假设，如线性二次控制、马尔可夫决策和机会约束优化等[5,6]。换句话说，现有的优化方法仅关注优化目标函数的均值，而不考虑优化后的目标函数 PDF 形状。因此，现有基于目标函数均值的随机优化方法在优化后可能为一个如图 6.1（a）所示的具有多波峰的非高斯 PDF 形状。然而，由于优化的目标函数是一个随机变量，基于目标函数的均值优化方法最终优化目标函数中依然存在较强的不确定性，且这些不确定性对优化结果具有较大的影响。在这种情况下，现有目标函数的均值的随机优化方法难以保证优化后目标函数中不确定性的影响最小化，因此，这就需要如图 6.1（b）所示通过优化目标函数的 PDF 形状，使优化后的目标函数中不确定性的影响最小化，即优化后的目标函数 PDF 形状逼近一个"高而窄"的脉冲函数。

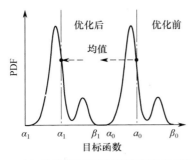

(a) 传统基于目标函数均值的优化方法

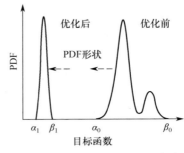

(b) 基于目标函数 PDF 形状的优化方法

图 6.1　传统基于目标函数均值和基于目标函数 PDF 形状的优化方法

工业过程优化的目标函数的 PDF 形状通常是非高斯类型。例如，在高炉炼铁过程中，燃料比（简称 FR）和硅含量（简称[Si]）常作为衡量整个炼铁生产过程的能耗和铁水质量的重要指标，因此，若要实现高炉炼铁过程的运行优化，就需要在保证衡量铁水质量的指标（[Si]）满足工艺要求的前提下，尽可能地使衡量生产能耗的指标（FR）最小[7,8]。然而，由于高炉炼铁过程中原材料和燃料的变化，以及多种不确定性的影响，衡量能耗和铁水质量的这两个目标函数表现出典型的非高斯分布特征，很难用单一的高斯性 PDF 模型来描述。众所周知，精确的运行指标模型是实现工业过程优化运行的基础。然而，由于实际工业过程具有非线性、强耦合和时变等复杂动态特性，难以建立表征衡量产品质量、生产效率和能耗的优化目标函数。在这种情况下，利用过程数据，基于数据驱动的智能建模方法成为一种解决优化目标函数难建模的有效方法[9-13]。

另外，当前数据驱动建模方法均是假设建模误差的 PDF 服从高斯分布，即通过模型误差的均值最小化获得模型的最优参数，然而，优化的目标函数模型误差通常是非高斯的[14,15]，此时模型误差可以看作优化目标函数中的不确定性，在这种情况下，通过优化目标函数的均值难以实现具有非高斯模型误差的目标函数的优化，尤其是目标函数中存在动态不确定性的优化。因此，为了最大限度地降低不确定性对优化目标函数的影响，本章通过优化具有非高斯分布特征的目标函数 PDF 形状，使得如图 6.1（a）所示的优化后目标函数 PDF 形状"尽可能左而窄"，这里，"尽可能左"实现了目标函数的最小化，"尽可能窄"意味着目标函数含有的不确定性最小化，从而获得具有鲁棒性和可靠性的优化效果[16]。事实上，优化的目标函数 PDF 形状涵盖了现有的具有目标函数均值的随机优化方法。

由于待优化的目标函数的 PDF 形状可以全面表征过程运行的随机性和不确定性，可以通过优化目标函数的 PDF 形状，获得具有较强的鲁棒性和可靠性的优化效果。此时，可以将目标函数 PDF 形状优化问题看作一个随机系统输出 PDF 形状控制问题，在这种情况下，利用 SDC 方法可以实现工业过程的输出 PDF 控制和优化[17-20]。然而，目标函数中存在各种不确定性，如生产过程中的操作规范、设备能力、原材料和运行工况变化等，而与目标函数相关的过程运行不确定性和随机性能通过其 PDF 形状来完全表征。这意味着工业过程运行优化问题可以转化为一个非高斯工业过程概率约束下的随机优化问题。

针对当前实现非高斯工业过程运行优化所存在的问题和挑战，本章提出一种基于目标函数分布形状的非高斯工业过程概率约束随机优化方法，主要内容概括如下。

（1）为了解决具有非高斯分布特征的工业过程随机优化问题，本章引入目标函数 PDF 形状对工业过程运行随机性进行定量分析，提出一种基于目标函数 PDF 形状的概率约束随机优化方法。所提方法通过优化目标函数 PDF 形状，不但可以使目标函数值最小，而且有效地降低了优化后目标函数中的不确定性，从而获得具有鲁棒性和可靠性的优化效果。

（2）将随机分布系统输出 PDF 控制的思想进一步推广和延伸，基于 SDC 理论，分别提出基于输出 PDF 优化控制和具有均值约束的最小熵控制的随机优化方法，此时基于目标函数 PDF 形状的概率约束随机优化问题可看作典型的 SDC 问题。

（3）通过对复杂高炉炼铁过程的数据进行仿真实验，验证所提方法的有效性。

6.2　非高斯工业过程随机优化问题描述

复杂工业过程优化是在保证产品质量的前提下，通过优化目标函数获得最优决策，进而提高工业过程运行的操作性能。为了实现工业过程优化运行，首先，需要获得运行指标与操作变量之间关系的数学模型，然而，由于大多数工业过程具有强非线性和时变特性等复杂动态特征，使操作变量约束条件常常随时间变化而变化，具有较强的随机性，此时，工业过程优化可转化为常规的具有如下概率约束的优化问题：

$$\min_{\boldsymbol{x}\in\Omega} f(\boldsymbol{x})$$

$$\text{s.t. } \Pr\{g_c(\boldsymbol{x},v)\leqslant 0\}\geqslant 1-\varepsilon \tag{6.1}$$

式中，$\boldsymbol{x}$ 为决策变量；Ω 为可行域；$f(\cdot)$ 为定义在集合 Ω 上的连续可微的实值函数；$g_c(\cdot)$ 为表征操作变量、随机变量与运行指标之间关系的非线性函数；$\Pr(\cdot)$ 为服从某概率分布的随机变量 v 的概率；$\varepsilon\in(0,1)$ 为概率约束的风险水平或者置信水平。

　　现有工业过程优化方法主要关注式（6.1）中目标函数均值的最小化，本质上是在不改变目标 PDF 形状的情况下，将优化前的均值 a_0 的位置移动到优化后均值 a_1 的位置 [见图 6.1（a）]。与现有优化方法不同，本章所提方法的目的如图 6.1（b）所示，即通过优化目标函数 PDF 形状和位置实现对目标函数 PDF 形状的优化。可以看出，本章所提方法包括传统目标函数均值的优化，具有更广泛的应用前景。然而，如何定量分析工业过程运行的不确定性，降低不确定性的影响仍然是一个突出的问题。因此，亟须寻找一种有效的基于目标函数 PDF 形状的随机优化方法，使工业过程目标函数中的不确定性的影响最小化，以实现工业过程运行优化。

　　假设定义在区间 $[a,b]$ 内目标函数的 PDF 为 $\gamma_f(\boldsymbol{x},\tau)$，此时，式（6.1）所示求解问题可转化为如下基于目标函数分布形状的概率约束随机优化问题：

$$\min_{\boldsymbol{x}\in\Omega} f_{\text{opt}}(\gamma_f(\boldsymbol{x},\tau))$$

$$\text{s.t. } \Pr\{G_i(\boldsymbol{x},v)\leqslant 0\}\geqslant 1-\varepsilon \tag{6.2}$$

式中，$f_{\text{opt}}(\cdot)$ 为定义在集合 Ω 上目标函数 PDF 的连续函数。可以看出，通过优化目标函数的 PDF 形状，不但需要使目标函数的均值最小，而且需要使目标函数的随机性最小。因此，式（6.1）所示的优化求解问题可以看作基于目标函数 PDF 形状的随机优化问题。

　　综上所述，本章所提基于目标函数分布形状的非高斯工业过程概率约束随机优化如图 6.2 所示，具体算法见 6.3 节。

　　对于图 6.2 所示方法，需要建立表征产品质量、生产效率和能耗等运行指标的数学模型，然而，由于工业过程运行随机干扰和模型误差的存在，此时运行指标模型误差分布形状具有典型的非高斯特征，在这种情况下，目标函数可以看作一个随机变量，而不再是运行指标函数的均值。总的来说，本章所提方法的目标是如何将优化前的目标 PDF 形状趋向于优化后理想的"高而窄"的 PDF 形状，最终实现非高斯工业过程的优化决策。

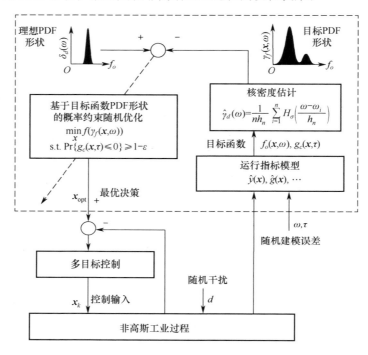

图 6.2 基于目标函数分布形状的非高斯工业过程概率约束随机优化

6.3 基于目标函数分布形状的概率约束随机优化

6.3.1 目标函数分布形状的核密度估计

运行指标模型作为表征过程产品质量、能耗和运行成本等运行指标和操作变量之间关系的待优化目标函数，是实现工业过程优化运行的基础，也是获得操作变量最优设定值的评价依据。然而，由于工业过程具有强非线性，以及随机干扰等不确定性因素的存在，需要考虑运行指标的随机建模误差，优化的目标函数可以描述为

$$f_o(\boldsymbol{x}_k, \omega_k) = \hat{y}(\boldsymbol{x}_k) + \omega_k \tag{6.3}$$

式中，$\hat{y}(\boldsymbol{x}_k)$ 为表征运行指标与操作变量之间关系的非线性函数；ω_k 为非高斯建模误差。在这种情况下，运行指标为一个随机变量，当 ω_k 服从高斯分布时，其期望算子 $E(\omega_k)=0$，可以得到 $E(f(\boldsymbol{x}_k))=E(\hat{y}(\boldsymbol{x}_k))$；而当 ω_k 服从非高斯分布时，其期望算子 $E(\omega_k)\neq 0$，此时，仅优化非线性函数 $\hat{y}(\boldsymbol{x}_k)$ 难以获得最优的操作变量。

可以看出，当运行指标模型误差为非高斯型时，采用传统的优化目标函数均值的方法难以获得最优决策值，此时需要优化目标函数 PDF 形状。因此，为了获得最优决策变量，需要估计目标函数 PDF 形状。目前，关于随机变量的概率密度估计方法有很多，如频率直方图[17]、核密度估计（Kernel Density Estimation，KDE）[23]、最近邻法[24]和最大惩罚似然估计[25]等。其中，KDE 方法作为一种基于低偏差和低方差之间的折中 PDF 估计方法，被广泛用于估计随机过程变量的 PDF 形状，因此，本章采用 KDE 方法估计目标函数 PDF 形状。利用样本的值可得到如下随机变量的 PDF 估计值：

$$\hat{\gamma}_d(\tau)=\frac{1}{nh_n}\sum_{i=1}^{n}H_\sigma\left(\frac{\tau-\tau_i}{h_n}\right) \tag{6.4}$$

式中，n 为样本个数；τ_i 为随机样本；$H_\sigma(\cdot)$ 为窗宽为 h_n 的核函数。核函数为一个非负的可积函数，且满足 $H_\sigma(x)=H_\sigma(-x)$，$\int H_\sigma(x)\mathrm{d}x=1$，$\int xH_\sigma(x)\mathrm{d}x=0$。

可以看出，在核密度估计方法中，窗宽 h_n 的取值直接影响到随机变量 PDF 的光滑程度，通常情况下，采用平均积分误差的平方作为选择窗宽的最优指标：

$$\mathrm{MISE}(h_n)=E[\int(\hat{\gamma}_d(\tau)-\gamma(\tau))\,\mathrm{d}\tau] \tag{6.5}$$

式中，$\gamma(\tau)$ 为样本的真实分布密度。采用核密度估计方法，对平均积分误差（MISE）指标进行优化，得到如下最优窗宽：

$$h_n=\left\{\frac{\int[H_\sigma(x)]^2\mathrm{d}x}{n\sigma_1^4\int[f_\sigma''(x)]^2\mathrm{d}x}\right\}^{\frac{1}{5}} \tag{6.6}$$

式中，σ_1 为被估计随机变量的标准差，特别地，当核函数为高斯核函数时，最佳的窗宽为 $h_n\approx 1.06\sigma_1 n^{-0.2}$。可以看出，如果窗宽 h_n 取值较大，有较多的样本点影响 τ 处的 PDF 密度估计结果，且其他样本对应的估计值差距不大，核密度估计 $\hat{\gamma}_d(\tau)$ 曲线较为光滑，但同时导致样本数据所包含的一些信息丢失；然而，如果窗宽 h_n 取值较小，将会有很少的样本点影响密度的估计值，且其他样本对应估计值差距较大，此时核密度估计 $\hat{\gamma}_d(\tau)$ 曲线为不光滑的折线，但能反映每个样本所包含的信息。因此，选择合适的窗宽大小对随机变量的 PDF 估计值至关重要。

6.3.2　基于目标函数分布形状的概率约束随机优化

当获得目标函数 PDF 的估计值之后，需要通过优化目标函数 PDF 形状寻找一组最优决策变量。如图 6.1（b）所示，假设定义在区间 $[\alpha_0,\beta_0]$ 内的优化前的目标函数的 PDF 为 $\gamma_0(\boldsymbol{x},\tau)$，$\alpha_0$ 和 β_0 分别为目标函数 PDF 定义区间的上下限，根据 SDC 思想，优化前目标函数 PDF 形状总是希望逼近一个定义在区间 $[\alpha_1,\beta_1]$ 内优化后理想的"高而窄"的脉冲函数，为实现上述优化问题，首先需要最小化如下性能指标：

$$\chi(\boldsymbol{x},\tau)=\left\|\gamma_d(\tau-a)-\gamma_f(\boldsymbol{x},\tau)\right\|$$
$$=\sqrt{\int_a^b(\gamma_d(\tau)-\gamma_f(\boldsymbol{x},\tau))^2\,\mathrm{d}\tau}\tag{6.7}$$

或者最小化如下性能指标：

$$\chi_0(\boldsymbol{x},\tau)=\int_\alpha^\beta[\gamma_d(\tau-a)-\gamma_f(\boldsymbol{x},\tau)]^2\,\mathrm{d}\omega\tag{6.8}$$

式中，$\gamma_f(\boldsymbol{x},\tau)$ 为目标函数 PDF，期望的脉冲函数 PDF 形状为

$$\gamma_d(\tau-a)=\begin{cases}+\infty, & \tau=a\\ 0, & \tau\neq a\end{cases}\tag{6.9}$$

这里为了方便，假设理想 PDF 为如下高斯函数：

$$\gamma_d(\tau)=\frac{1}{\sqrt{2\pi}\sigma_d}\exp\left(-\frac{(\tau-\mu_d)^2}{2\sigma_d^2}\right)\tag{6.10}$$

式中，μ_d 和 σ_d 分别为期望 PDF 的均值和方差，可以看出方差 σ_d 越小，目标函数 PDF 分布形状越窄，即目标函数中的随机性越小。

在这种情况下，基于目标函数 PDF 形状优化问题已转化为目标函数 PDF 控制问题。因此，可以通过优化如下目标函数 PDF 与期望 PDF 之间误差的性能指标获得最优决策变量：

$$\min f_1(\boldsymbol{x},\tau)=\int_a^b(\gamma_d(\tau)-\gamma_f(\boldsymbol{x},\tau))^2\,\mathrm{d}\tau\tag{6.11}$$

另外，为了降低待优化目标函数中的不确定性，须将 $\gamma_f(\boldsymbol{x},\tau)$ 尽可能地

向左移动，且其覆盖区域要尽可能得窄。熵作为表征随机变量不确定性的数学量，通常通过最小化随机变量的熵来降低随机变量受不确定性的影响[26-28]，即在降低过程随机性影响的同时，尽可能地将目标函数 PDF 形状向左移动。因此，也可以通过优化如下性能指标获得最优决策变量：

$$\min f_2(\boldsymbol{x}, \tau) = \alpha_1 H_{J_1}(\boldsymbol{x}) + \alpha_2 H_{J_2}(\boldsymbol{x}) \tag{6.12}$$

式中，α_1 和 α_2 分别为如下目标函数的熵和均值相对应的权值：

$$H_{J_1}(\boldsymbol{x}) = -\int_\alpha^\beta \gamma_f(\boldsymbol{x}, \tau) \ln \gamma_f(\boldsymbol{x}, \tau) \mathrm{d}\tau \tag{6.13}$$

$$H_{J_2}(\boldsymbol{x}) = \int_\alpha^\beta f_0(\boldsymbol{x}, \tau) \gamma_f(\boldsymbol{x}, \tau) \mathrm{d}\tau \tag{6.14}$$

与基于目标函数 PDF 形状的随机优化相似，约束处理也可以看作 SDC 问题。这主要是因为约束函数不仅是随机变量 τ 的函数，也是决策变量 $\boldsymbol{x}$ 的函数，此时，满足这种约束意味着决策变量为应用于实际工业过程的随机变量。因此，约束函数 $g_c(\boldsymbol{x}, \tau)$ 的 PDF 定义为 $\gamma_c(\boldsymbol{x}, \tau)$，其中 $\tau \in [c, d]$ 是一个定义已知的随机变量且满足 $c < 0$，$d > 0$，为了实现 $g_c(\boldsymbol{x}, \tau) \leqslant 0$，需要满足以下条件：

$$\gamma_c(\boldsymbol{x}, \tau) = \delta_c(\tau) \tag{6.15}$$

式中，$\delta_c(\tau)$ 为理想的脉冲函数。类似地，可以通过最小化约束函数 PDF 与理想脉冲函数之间距离的函数解决约束优化问题。从 PDF 形状优化角度来看，约束函数的 PDF 形状总是希望逼近理想的脉冲函数。因此，式（6.11）和式（6.12）所示的优化问题可以总结如下：

$$\begin{aligned} &\min_{\boldsymbol{x} \in \Omega} f_i(\gamma_f(\boldsymbol{x}, \omega)) \\ &\text{s.t.} \Pr\{g_c(\boldsymbol{x}, \tau) \leqslant 0\} \geqslant 1 - \varepsilon \end{aligned} \tag{6.16}$$

式中，$f_i(\cdot)(i = 1, 2)$ 为式（6.11）和式（6.12）所示目标函数 PDF 的性能指标，式（6.11）可以看作基于目标函数 PDF 形状控制的性能指标，式（6.12）可以看作基于目标函数 PDF 的均值和熵复合优化的性能指标。

此外，PSO 是一种基于社会群体希望的全局进化优化算法，本章利用 PSO 算法对式（6.15）所示的优化问题进行求解。在这里，PSO 中的粒子通过向个体最优粒子和全局最优粒子移动进行搜索，其进化方式可描述为

$$V_i^j(t+1) = \omega_i V_i^j(t) + C_1 r_1 (P_i^j - X_i^j(t)) + C_2 r_2 (P_g^j - X_i^j(t)) \tag{6.17}$$

$$X_i^j(t+1) = X_i^j(t) + V_i^j(t+1) \tag{6.18}$$

式中，$V_i^j(t)$ 和 $X_i^j(t)$ 分别为当前第 i 个变量的第 j 维的速度和位置；P_i^j 和

P_g^j 分别为第 i 个变量的个体极值和第 j 维的全局最优解；ω_i 为惯性因子；C_1 和 C_2 均为学习速率；r_1 和 r_2 均为在 $[0,1]$ 区间内相互独立的随机数。

6.4 所提算法最优解的充要条件

从 6.3 节可以看出，目标函数的 PDF 和约束函数的 PDF 都是决策变量的函数。在这种情况下，可以将目标函数 PDF 形状优化问题转换为随机系统输出 PDF 的控制问题。因此，定理 6.1 给出了式（6.19）所示优化问题的解存在的充分条件。

定理 6.1 对于式（6.17）所示的优化问题，如果存在一组最优决策变量序列 $\{x_k\}$，其中 $k = 1, 2, 3, \cdots$，则使如下不等式成立：

$$\sum_{k=1}^{+\infty} \int_c^d [\delta_c(\tau) - \gamma_c(x_k, \tau)]^2 d\tau < +\infty \qquad (6.19)$$

证明： 为了满足式（6.19）中的约束条件，需要使如下约束函数 PDF 与理想脉冲函数之间距离的平方最小：

$$\begin{aligned}\varepsilon_c(x, \tau) &= \|\delta_c(\tau) - \gamma_c(x, \tau)\|^2 \\ &= \int_c^d [\delta_c(\tau) - \gamma_c(x, \tau)]^2 d\tau\end{aligned} \qquad (6.20)$$

可以看出，式（6.19）中的优化问题需要确保式（6.20）所示性能函数 $\varepsilon_c(x, \tau)$ 和式（6.8）所示性能函数 $\chi_0(x, \omega)$ 同时最小。因此，为了获得最优的决策变量 $\{x_k\}$，需要对具有概率约束的目标函数 PDF 形状进行优化。因此，当决策变量的变化量 $\Delta x = x_k - x_{k-1} \approx 0$ 时，需要最小化如下性能函数：

$$J_{\mathrm{opt}}(x) = \chi_0(x_t, \omega) + \int_0^t \int_c^d [\delta_c(\tau) - \gamma_c(x_\varphi, \tau)]^2 d\tau d\varphi \qquad (6.21)$$

可以看出，通过最小化式（6.21）可以得到满足条件 $\varphi \in [0, t]$ 的决策变量 x_φ，因此，得到如下优化问题：

$$\min\left\{\chi_0(x_t, \omega) + \int_0^t \int_c^d [\delta_c(\tau) - \gamma_f(x_\varphi, \tau)]^2 d\tau d\varphi\right\} \qquad (6.22)$$

对于任何 $t > 0$，若式（6.21）所示的优化问题可解，则可以得到

$$\int_0^t \int_c^d [\delta_c(\tau) - \gamma_f(x_\varphi, \tau)]^2 d\tau d\varphi < +\infty \qquad (6.23)$$

即表明

$$\lim_{t \to +\infty} \int_c^d [\delta_c(\tau) - \gamma_c(\boldsymbol{x}_t, \tau)]^2 \mathrm{d}\tau = 0 \qquad (6.24)$$

此时，对于任何 $t \to +\infty$，目标函数 PDF 形状均可以接近理想的脉冲函数，而最优决策变量 $\boldsymbol{x}_{\mathrm{opt}}$ 需满足如下条件：

$$\gamma_c(\boldsymbol{x}_t, \tau) = \delta_c(\tau) \qquad (6.25)$$

因此，通过求解式（6.19）所示优化问题，可使决策变量收敛到最优值

$$\lim_{t \to +\infty} \boldsymbol{x}_t = \boldsymbol{x}_{\mathrm{opt}} \qquad (6.26)$$

至此，证明完毕。

6.5　仿真实验

6.5.1　高炉炼铁过程工艺简介

高炉炼铁是钢铁工业的重要生产环节，由于工艺相对简单、产量大、劳动生产率高，高炉炼铁仍是现代炼铁的主要方式，其产量占世界生铁总产量的 95% 以上。如图 6.3 所示，现代化的高炉炼铁系统分为高炉本体、供料系统、热风系统、煤粉喷吹系统、高炉煤气处理系统及 TRT 和出铁系统等几个子系统[1,7]。高炉炼铁时，铁矿石、焦炭、溶剂按一定比例根据布料制度逐层从高炉顶部装载到炉喉位置。同时，在高炉下部，将预热的空气、氧气和煤粉等通过热风口鼓入炉缸中。空气、氧气、煤粉和焦炭在高温作用下会发生一系列复杂物理、化学反应，生成大量的高温还原性气体，这些还原性气体不断向上运动，并将铁从铁矿石中还原出来。上行气体最终变为高炉煤气从炉顶回收，而下行炉料随着炉缸中焦炭的不断燃烧和铁水的不断滴落逐渐向下运动，在下降过程中，炉料经过加热、还原、熔化等一系列复杂的物理、化学变化，最终生成铁水和炉渣从出铁口排出。高炉炼铁运行优化需要准确判断整个高炉的运行态势，并及时调整相关操作制度（如布料制度、热风制度等）和工艺操作参数，使炉内煤气分布合理、热量充分利用、渣铁顺利排放。因此，为了保障高炉生产能够高效、安全、平稳地运行，就需要实现高炉炼铁过程运行优化。

目前，被广泛用来反映高炉运行状态的指标分别为出铁口的铁水质量和生产能耗，其中，铁水硅（[Si]）含量常作为反映铁水化学热的主要指标。这主要因为铁水[Si]含量过高，渣量增加，会使生铁变硬、变脆，回收率降

低，并且高[Si]会使渣中 SiO 含量过高，影响石灰渣化速度，延长吹炼时间，同时加剧对炉衬的冲蚀。此外，燃料比（FR）是衡量高炉生产能耗和运行成本的关键指标之一，其主要由焦比和煤比组成，而面对日趋匮乏且价格昂贵的焦炭，降低燃料比成为实现节能减排和低成本生产的有效措施。因此，实现高炉炼铁过程优化即在保证铁水质量指标[Si]在满足工艺范围内的前提下，使反映生产能耗和运行成本指标的高炉燃料比最小[11]。

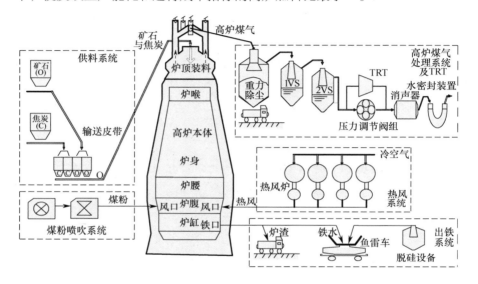

图 6.3　高炉炼铁过程工艺

　　然而，高炉炼铁是一个包含气、固、液三相混合和耦合交错，物理、化学反应极其复杂的过程，高炉内部冶炼环境极其严酷，炉内温度高达 2000℃左右，压强高达标准大气压的 4 倍左右，导致高炉炼铁过程运行伴随着较大的随机性，从理论上讲，待优化的目标函数或者运行指标模型的误差 PDF 形状难以满足高斯假设。然而，传统的基于目标函数的均值（模型误差 PDF 形状服从高斯分布）的优化方法，难以解决具有非高斯建模误差下运行指标模型的优化问题，因此，需要考虑优化的目标函数在受到非高斯随机性影响的情况下，如何实现高炉炼铁过程优化运行，进而为高炉日常操作与调节提供指导。

6.5.2　高炉炼铁过程运行优化

　　为了实现高炉炼铁过程运行优化，首先需要建立表征决策变量与运行指标 FR 和[Si]之间关系的数学模型。考虑到高炉炼铁过程极其复杂的动态关系，难以利用过程机理建立运行指标模型，因此，本章采用 LS-SVM 方法建立运行指标 FR 和[Si]的数学模型。此外，考虑上述决策变量间具有很强的相关性，并且过多的决策变量会加大模型复杂度，影响模型质量，因此，采用典型相关性分析方法对原始高维的模型的决策变量数据进行分析，提取如表 6.1 所示的典型决策变量及其上下限。为此，高炉炼铁过程的随机优化问题如下：

$$\min_{\boldsymbol{x}} f_0(\boldsymbol{x},\omega)$$

$$\text{s.t.}\begin{cases} f_c(\boldsymbol{x},\tau)=\hat{y}_2(\boldsymbol{x})+\tau \\ l_1 \leqslant f_c(\boldsymbol{x},\tau) \leqslant l_2 \\ m_1^l \leqslant \boldsymbol{x} \leqslant m_2^u \end{cases} \quad (6.27)$$

式中，$f_0(\boldsymbol{x},\omega)=\hat{y}_1(\boldsymbol{x})+\omega$；$\boldsymbol{x}=[x_1,x_2,x_3,x_4,x_5]$ 为优化的决策变量集；$\hat{y}_1(\boldsymbol{x})$ 和 $\hat{y}_2(\boldsymbol{x})$ 分别为运行指标 FR 和[Si]的非线性模型输出；ω 和 τ 均为具有非高斯分布特征的随机建模误差；l_1 和 l_2 分别为[Si]的上限和下限；m_1^l 和 m_2^u 分别为决策变量的上限和下限。

表6.1　决策变量及其上下限

决策变量符号	决策变量含义（单位）	下　限	上　限
x_1	冷风流量（m³/min）	20	40
x_2	富氧流量（m³/h）	10000	15000
x_3	喷煤量（t/h）	35	45
x_4	富氧率（vol%）	0.5	3
x_5	压差（MPa）	120	180

在利用 KDE 方法分别得到式（6.27）中目标函数 $f_0(\boldsymbol{x},\omega)$ 和约束函数 $f_c(\boldsymbol{x},\tau)$ 的 PDF 形状 $\gamma_f(\boldsymbol{x},\omega)$ 和 $g_c(\boldsymbol{x},\tau)$ 后，可构造如下基于概率约束的目标函数 PDF 形状的随机优化问题：

$$\min_{\boldsymbol{x}} f_i(\gamma_f(\boldsymbol{x},\omega))$$

$$\text{s.t.}\begin{cases} \Pr\{g_c(\boldsymbol{x},\tau)\leqslant 0\}\geqslant 1-\varepsilon_0 \\ m_1^l \leqslant \boldsymbol{x} \leqslant m_2^u \end{cases} \quad (6.28)$$

式中，$f_i(\cdot)(i=1,2)$ 为式（6.11）和式（6.12）中所示的性能指标；ε_0 为一个较小实数。可以看出，通过引入目标函数 PDF 形状，能够完全描述性能函数的随机性，并通过优化式（6.28）获得最优决策。

6.5.3 实验结果分析

采用我国华南某大型高炉本体数据与铁水质量数据，对本章所提方法进行数据仿真实验研究。这里，将种群大小和最大迭代次数分别设置为 50 和 30，学习因子为 1.49。根据过程工艺要求，[Si]应满足 $0.45 \leqslant [Si] \leqslant 0.55$，同时，约束条件满足 $g_c(\boldsymbol{x},\tau) = |f_c(\boldsymbol{x},\tau) - 0.4| - 0.05 \leqslant 0$，置信水平 $\varepsilon_0 = 0.03$，并且假设随机误差 ν 和 τ 服从参数为 2 的伽马分布。

首先，当采用式（6.11）所示的基于输出 PDF 控制的优化方法时，理想 PDF 的均值和方差分别为 $\mu_d = 531.5$，$\sigma_d = 1.45$。其中，图 6.4（a）所示为基于所提方法下目标函数 PDF 变化趋势，优化前后的目标函数 PDF 和理想 PDF 如图 6.4（b）所示。可以看出，随着迭代次数的增加，优化前目标函数 PDF 形状逐渐逼近理想 PDF 形状，获得了满意的目标函数 PDF 控制效果。此外，图 6.4（c）所示的式（6.11）中性能函数也表明了所提方法的收敛性。

其次，当采用式（6.12）中基于均值约束的最小熵的优化方法时，选取权重 $\alpha_1 = 1$，$\alpha_2 = 0.05$。目标函数 PDF 的 3D 图、优化前后的目标函数 PDF 分布形态以及性能指标收敛趋势分别如图 6.5（a）～（c）所示。可以看出，与式（6.12）所示的基于输出 PDF 控制的优化方法相比，不需要提前选择理

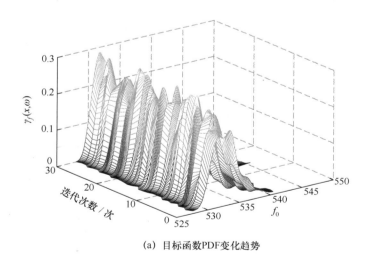

(a) 目标函数PDF变化趋势

图 6.4 基于目标函数 PDF 控制的优化方法下目标函数 PDF 变化趋势及优化前后的目标函数 PDF 和理想 PDF、性能指标变化趋势

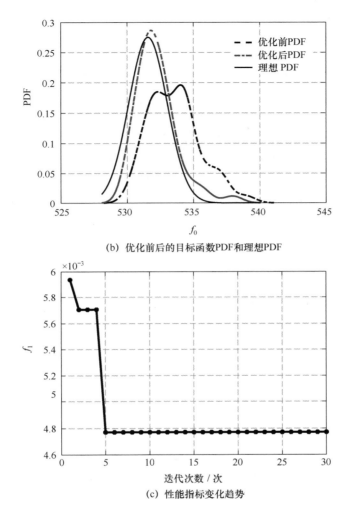

（b）优化前后的目标函数PDF和理想PDF

（c）性能指标变化趋势

图 6.4　基于目标函数 PDF 控制的优化方法下目标函数 PDF 变化趋势及
优化前后的目标函数 PDF 和理想 PDF、性能指标变化趋势（续）

想的目标函数 PDF。同时可以看出，在两种方法下，随着迭代次数的增加，性能指标函数均能收敛，可以通过所提方法得到最优解。

最后，为了进一步说明所提方法相对传统的基于目标函数 PDF 的均值优化方法的优越性，在这里假设式（6.12）所示的性能指标中权值参数 $\alpha_1=0$，得到优化结果如图 6.6 所示。可以看出，仅基于目标函数的均值优化方法收敛速度比图 6.4（c）和图 6.5（c）所示方法的收敛速度较慢，进一步表明基于目标函数均值的优化方法具有较大的随机性。

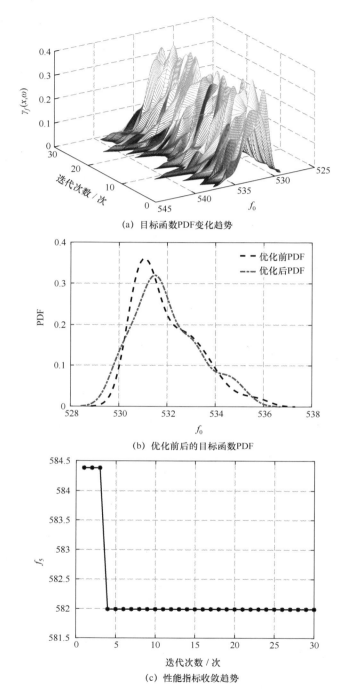

(a) 目标函数PDF变化趋势

(b) 优化前后的目标函数PDF

(c) 性能指标收敛趋势

图 6.5 基于均值约束和最小熵的优化方法下目标函数 PDF 变化趋势、
优化前后的目标函数 PDF 和性能指标收敛趋势

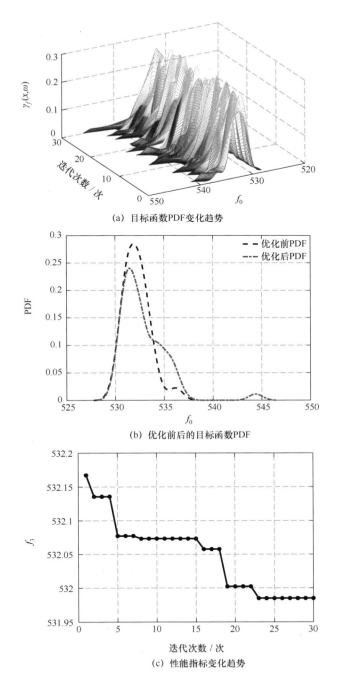

(a) 目标函数PDF变化趋势

(b) 优化前后的目标函数PDF

(c) 性能指标变化趋势

图 6.6　基于目标函数均值的优化方法下目标函数 PDF 变化趋势及优化前后的
目标函数 PDF 和性能指标变化趋势

6.6　本章小结

　　针对传统目标函数均值难以完整描述非高斯工业过程不确定性的难题，本章通过引入目标函数 PDF 形状，将工业过程运行的不确定性优化问题转化为确定性优化问题，提出了一种基于目标函数 PDF 形状的工业过程概率约束随机优化方法。与现有基于目标函数均值的优化方法相比，本章所提方法以优化目标函数 PDF 形状为目标，将目标函数 PDF 和概率约束的优化问题均看作一个 SDC 问题，并分别将目标函数 PDF 与理想 PDF 之间累积误差积分函数，以及具有均值约束的熵数据作为优化的性能指标，通过优化上述性能指标获得最优决策。最后，以高炉炼铁过程为研究对象进行数据仿真实验，结果表明，与传统基于目标函数均值的优化方法相比，本章所提方法具有较快的收敛速度，并且可以使目标函数 PDF 形状逐渐接近理想的"高而窄"PDF 形状，这也表明所提方法能够有效地降低工业过程运行中的不确定性，进一步验证了所提方法的有效性。

参考文献

[1]　ZHOU P, SONG H D, WANG H, et al. Data-driven nonlinear subspace modeling for prediction and control of molten iron quality Indices in blast furnace ironmaking[J]. IEEE Transactions on Control Systems Technology, 2017, 25(5): 1761-1774.

[2]　HAN H G, LIU Z, HOU Y, et al. Data-driven multiobjective predictive control for wastewater treatment process[J]. IEEE Transactions on Industrial Informatics, 2019, 16(4): 2767-2775.

[3]　ZHOU H, LI Y, YANG C J, et al. Mixed-framework-based energy optimization of chemimechanical pulping[J]. IEEE Transactions on Industrial Informatics, 2019, 16(9): 5895-5904.

[4]　柴天佑. 生产制造全流程优化控制对控制与优化理论方法的挑战[J]. 自动化学报, 2009, 35(5): 641-649.

[5]　GOPALAKRISHNAN B, SINGH A K, KRISHNA K M, et al. Solving chance-constrained optimization under nonparametric uncertainty through Hilbert space embedding[J]. IEEE Transactions on Control Systems Technology, 2021, 30(3): 901-916.

[6]　SVENSEN J L, SUN C, CEMBRANO G, et al. Chance-constrained stochastic MPC of Astlingen urban drainage benchmark network[J]. Control Engineering Practice, 2021, 115: 104900.

[7] LI J P, HUA C Y, YANG Y N, et al. Bayesian block structure sparse based T-S fuzzy modeling for dynamic prediction of hot metal silicon content in the blast furnace[J]. IEEE Transactions on Industrial Electronics, 2017, 65(6): 4933-4942.

[8] SAXÉN H, GAO C, GAO Z. Data-driven time discrete models for dynamic prediction of the hot metal silicon content in the blast furnace-A review[J]. IEEE Transactions on Industrial Informatics, 2012, 9(4): 2213-2225.

[9] ZHOU P, CHAI T Y, WANG H. Intelligent optimal-setting control for grinding circuits of mineral processing process[J]. IEEE Transactions on Automation Science and Engineering, 2009, 6(4): 730-743.

[10] XIE S W, XIE Y F, YING H, et al. Neurofuzzy-based plant-wide hierarchical coordinating optimization and control: An application to zinc hydrometallurgy plant[J]. IEEE Transactions on Industrial Electronics, 2019, 67(3): 2207-2219.

[11] ZHOU P, XIE J, LI W P, et al. Robust neural networks with random weights based on generalized M-estimation and PLS for imperfect industrial data modeling[J]. Control Engineering Practice, 2020, 105: 104633.

[12] LU X, LIU W, ZHOU C, et al. Robust least-squares support vector machine with minimization of mean and variance of modeling error[J]. IEEE transactions on neural networks and learning systems, 2017, 29(7): 2909-2920.

[13] ZHOU P, GUO D, WANG H, et al. Data-driven robust M-LS-SVR-based NARX modeling for estimation and control of molten iron quality indices in blast furnace ironmaking[J]. IEEE transactions on neural networks and learning systems, 2017, 29(9): 4007-4021.

[14] ZHOU P, WANG C Y, LI M J, et al. Modeling error PDF optimization based wavelet neural network modeling of dynamic system and its application in blast furnace ironmaking[J]. Neurocomputing, 2018, 285: 167-175.

[15] DING J L, CHAI T Y, WANG H, et al. Offline modeling for product quality prediction of mineral processing using modeling error PDF shaping and entropy minimization[J]. IEEE Transactions on Neural Networks, 2011, 22(3): 408-419.

[16] WANG S B, WANG H, FAN R, et al. Objective PDF-shaping-based economic dispatch for power systems with intermittent generation sources via simultaneous mean and variance minimization[C]//The 14th International Conference on Control and Automation (ICCA), Anchorage, Alaska, USA, 2018: 927-934.

[17] WANG H. Bounded dynamic stochastic systems: modelling and control[M]. London :Springer-Verlag, 2000.

[18] WANG H, AFSHAR P. ILC-based fixed-structure controller design for output PDF shaping in stochastic systems using LMI techniques[J]. IEEE Transactions on Automatic Control, 2009, 54(4): 760-773.

[19] ZHOU J L, YUE H, ZHANG J H, et al. Iterative learning double closed-loop structure for modeling and controller design of output stochastic distribution control systems[J]. IEEE Transactions on Control Systems Technology, 2014, 22(6): 2261-2276.

[20] ZHANG J H, YUE H, ZHOU J L. Predictive PDF control in shaping of molecular weight distribution based on a new modeling algorithm[J]. Journal of Process Control, 2015, 30: 80-89.

[21] WANG H. Minimum entropy control of non-Gaussian dynamic stochastic systems[J]. IEEE Transactions on Automatic Control, 2002, 47(2): 398-403.

[22] ZHANG Q C, ZHOU Y Y. Recent advances in non-Gaussian stochastic systems control theory and its applications[J]. International Journal of Network Dynamics and Intelligence, 2022, 1(1): 111-119.

[23] LIU Y, WANG H, HOU C. Sliding-mode control design for nonlinear systems using probability density function shaping[J]. IEEE Transactions on Neural Networks and Learning Systems, 2013, 25(2): 332-343.

[24] PRINCIPE J C. Information theoretic learning: Renyi's entropy and kernel perspectives[M]. New York: Springer-Verlag, 2010.

[25] CAO Y, HE H, MAN H. SOMKE: Kernel density estimation over data streams by sequences of self-organizing maps[J]. IEEE Transactions on Neural Networks and Learning Systems, 2012, 23(8): 1254-1268.

[26] REN M F, ZHANG J H, WANG H. Minimized tracking error randomness control for nonlinear multivariate and non-Gaussian systems using the generalized density evolution equation[J]. IEEE Transactions on Automatic Control, 2014, 59(9): 2486-2490.

[27] LIU Y L, WANG H, GUO L. Observer-based feedback controller design for a class of stochastic systems with non-Gaussian variables[J]. IEEE Transactions on Automatic Control, 2014, 60(5): 1445-1450.

[28] ZHANG Q C, ZHANG J H, WANG H. Data-driven minimum entropy control for stochastic nonlinear systems using the cumulant-generating function[J]. IEEE Transactions on Automatic Control, 2023, 68(8): 4912-4918.

反侵权盗版声明

  电子工业出版社依法对本作品享有专有出版权。任何未经权利人书面许可，复制、销售或通过信息网络传播本作品的行为；歪曲、篡改、剽窃本作品的行为，均违反《中华人民共和国著作权法》，其行为人应承担相应的民事责任和行政责任，构成犯罪的，将被依法追究刑事责任。

  为了维护市场秩序，保护权利人的合法权益，我社将依法查处和打击侵权盗版的单位和个人。欢迎社会各界人士积极举报侵权盗版行为，本社将奖励举报有功人员，并保证举报人的信息不被泄露。

举报电话：（010）88254396；（010）88258888

传　　真：（010）88254397

E-mail：　dbqq@phei.com.cn

通信地址：北京市万寿路 173 信箱
　　　　　电子工业出版社总编办公室

邮　　编：100036